廣州二十四節氣

自然筆記

谢辅宇 著

李 勃 科学审核

SPM
南方传媒

广东科技出版社
全国优秀出版社

·广州·

图书在版编目（CIP）数据

广州二十四节气自然笔记 / 谢辅宇著. — 广州：广
东科技出版社，2023.6
ISBN 978-7-5359-8074-8

Ⅰ.①广… Ⅱ.①谢… Ⅲ.①二十四节气—普及读
物 Ⅳ.①P462-49

中国国家版本馆CIP数据核字（2023）第071709号

广州二十四节气自然笔记
Guangzhou Ershisi Jieqi Ziran Biji

出 版 人：严奉强
策 划：王 蕾 李 旻
责任编辑：李 旻 曾 超 温 微
装帧设计：友间文化 飛鳥魚設計
插图制作：刘恩廷
技术支持：热尼亚
封面书名题写：谢辅炬
责任校对：李云柯
责任印制：彭海波
出版发行：广东科技出版社
　　　　　（广州市环市东路水荫路11号 邮政编码：510075）
销售热线：020-37607413
http://www.gdstp.com.cn
E-mail：gdkjbw@nfcb.com.cn
经 销：广东新华发行集团股份有限公司
印 刷：广州市岭美文化科技有限公司
　　　　　（广州市荔湾区花地大道南海南工商贸易区A幢 邮政编码：510385）
规 格：787 mm×1 092 mm 1/16 印张15.5 字数300千
版 次：2023年6月第1版
　　　　　2023年6月第1次印刷
定 价：88.00元

行走在花城的二十四节气

在中国，以"四"为代表的四时模式，往往通过生命循环往复的律动来表现时间的流转。"时"，在《说文》里解为："时，四时也。"《玉篇·日部》言："时，春夏秋冬四时也。"二十四节气，则是中国古老农耕时代与四时季候对应总结出的生息智慧，最早见于西汉刘安的《淮南子·天文训》，确立于秦汉年间。并且，二十四节气，主要以中原一带的气候、物候为依据而建立。

也许，基于这种先验知识，作为已在南方生活二十年有余的迁徙者，一直莫名错觉，二十四节气，对位于南方的广州只是一种远方，一个诗名，空谷回音，无所对应。多年来，惯听人说，广州没有秋天。而在小雪节气，也惯看人们身着单衫挥汗，笑言又一次入冬失败。似乎广州给人的印象永是绵长的炎夏。

这个惊蛰，有缘读到有二十年广州在地自然观察与自然研学经验的谢辅宇老师多年集成的《广州二十四节气自然笔记》，才发现，尽管时常亲近大自然，然而，多是浮光掠影、走马观花，往往只撷取一时印象，而缺乏深刻体会。阅过此书，才发现自己对广州的季候生态认知疏浅，其中不乏有误，且久矣。

广州不仅有秋，有专属的二十四节气，有四时独特、花木虫鸟覆盖的整个季候生态，还藏有诸多别具一格的城市景观。比如，三月的广州一边满城姹紫嫣红竞芳菲，另一边黄葛榕叶落纷飞恍若深秋。春分过后，虽有难熬绵长、湿沉沉的回南天，却也开始进入广州观鸟的最佳时节。谷雨过后，珠江水涨，鱼群洄游繁殖活跃。生物链在季候的指挥棒下演绎出天空、地面、水中齐舞的交响乐。谷雨至秋分间的广州之夜，犹如昆虫界的千灯会，蝙蝠、蛞蝓（kuò yú）、螽（zhōng）斯等，锦衣夜行，在时间的洗礼中悄然蜕皮、羽化，完成虫生的成人礼，活出微小生命的仪式感。广州的夏季格外悠长，达半年以上，在高温湿热、蚊虫飞舞之际，荔枝、龙眼、芒果等各样应季水果纷纷亮相，慰人口腹，沁人心脾。除了盛夏蝉唱，在广州，萤火虫不是歌里的唱词传说，而是城市的夏夜之星，其中大陆窗萤最为常见。荷是广州生长周期很长的水生植物，从荷的生长与姿态，可以照见从芒种到秋分期间广州的节气转换，分辨出广州南国之秋的短暂又分明的特征。立秋后，广州并不觉凉意，昆虫繁殖在这时进入高峰期，直到立冬数量锐减。广州的冬，来得晚、冷得短，小雪大雪不见雪，落羽杉等乔木优美挺立，朱槿等红花硕朵依然，而北国的候鸟们纷纷飞来广州过冬，折射出南国冬季的暖意和佳趣。大寒节气，又近广州看年花的时候了。城之循环，周而复始，如花之循环。

20世纪生长于中国北方的诗人作家苇岸，作为"大地道德"自觉的奉行者，曾在90年代像城市文明覆盖下村庄里的最后一只留鸟，写下《大地上的事情》和《一九九八　廿四节气》，作为观察北方大地的文字印证。这本《广州二十四节气自然笔记》的到来，恰似一种呼应和补白，时空序列下记录的广州生态，让人甘愿奔赴一场处处被擦亮和被唤醒的花城四时之旅。

是时候了，让人真正走进和认识一个四时俱佳且有独特二十四节气的广州。

贾柯

2023年4月7日于广州

我于2003年开始在广州从事教育工作。我所在的学校占地500亩，自然生态环境很好。我的大部分课程是与孩子们一起在田间地头开展农耕劳动。在这期间，我发现孩子们对自然事物特别感兴趣，于是开始尝试着给孩子们介绍身边的动物和植物，通常孩子们都能安静、耐心地听讲。而我这一讲就是20个春秋。

20年来，在不间断地输出和输入中，我对广州的自然和人文有了越来越多的了解，了解得越多，感情也就越发深厚。我爱上了这片土地，并把广州当作自己的第二故乡。

广州是一个很大的城市，从南边的南沙湿地到北部从化山区有200多公里，从东边的增城区畲（shē）族村到最西部白云区浔峰山有100多公里；而且生境复杂，地势东北高，西南低，从海拔高度为0的滩涂湿地到1 200米的草甸，之间分布着丘陵山地、溪流沟谷、江河湖海。这里孕育了丰富的动植物资源，广州也因此成为全球34个生物多样性热点地区之一。

我小时候在山野里长大，对大自然有着天然的亲近感。在广州，我也常常行走在公园、绿道和郊野。通过实地考察，我记录了很多有趣的广州自然故事。我发现将这些自然故事按一个回归年进行排序，会有周而复始的规律，比如：广州大部分的植物符合春生、夏长、秋收、冬藏的规律；冬候鸟每年冬季到达广州，夏季前离开等。我一直想更合理和详细地去记录这个规律。

　　2015年我开始关注传统二十四节气。二十四节气在我国已沿用千年之久，凝聚着中华文明的历史文化精华。二十四节气既指导我们的衣食农事，也是我们中国人诗意栖居的创造，其中的清明、冬至还是我们寄托乡愁、思念家人的时间节点。在传承与发展中，二十四节气被列入农历，成为农历的一个重要部分。通过对比，我发现二十四节气描述的物候现象与我在广州观察到的现象部分契合，于是我将广州的物候现象与二十四节气结合起来，从这个角度记录广州的自然规律。

　　清代屈大均曾这样描述广州的自然物候：山川之秀丽，物产之瑰奇，风俗之推迁，气候之参错，与中州绝异。广州是典型的亚热带季风气候，大自然在二十四节气中的变化与内陆地区迥异，尤其是冬季。

　　跟着节气观察、记录物候现象具有一定的挑战性，年复一年的观察也考验人的耐性，但观察的过程中时常会有新发现带来的快乐。除了快乐，有时某个自然场景也会引发你关于儿时的记忆，这种情感体验对远离家乡的人甚至可以上升为乡愁。乡愁的沉淀源于我们在故乡自然环境里玩耍、观察中得到的欢愉。有了这种质朴的情感，我们一方面在走向世界的同时不会失去依托，另一方面在回望来路时自然会给予生养我们的土地更多的保护与关爱。

孩童时期是亲近大自然的最佳时间，也是人与自然之间形成终身纽带关系的最佳时期。在快节奏生活的今天，父母带着孩子走进自然，给予孩子陪伴和情感交流，有助于孩子健康人格的塑造。同时，大自然给予都市人吐故纳新的力量，让人们得以抵御生活的烦琐与庸常。

感谢广州市中学生劳动技术学校这么些年来对我的培养；感谢广东科技出版社给我这个机会，让我将多年对广州物候的观察、记录整理出来。虽然某些物种在不同的节气都可能看到，但由于编写结构的需要，书中会将某一物种集中在一个节气描述；此外，因篇幅所限，每个节气的"打卡点"未能在书中悉数罗列，在此予以提醒。希望更多人通过阅读这本书，认识广州可能鲜为人知的一面，更期待能有更多的人从身边的细微处着眼，一起来感知广州，发现广州，记录广州。

谢辅宇

2023年3月

目录

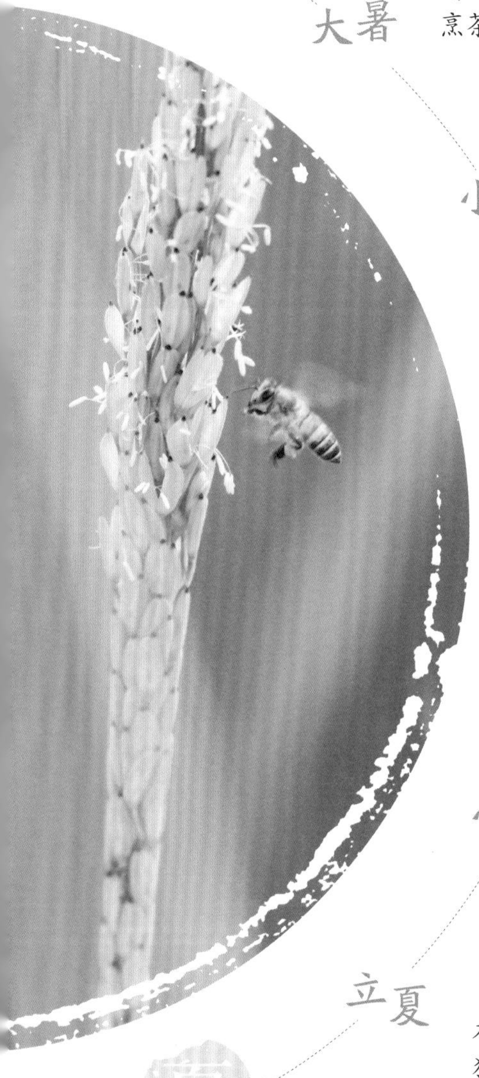

夏

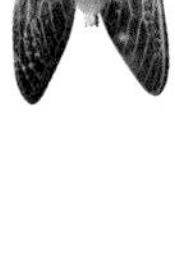

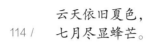

春

立春　雨水
惊蛰　春分
清明　谷雨

春，代表着温暖、生长。春季，阴阳之气开始转变，万物随阳气上升而萌芽生长。

○ 节气 重点介绍内容

立春	——	蜉蝣（fú yóu）
雨水	——	木棉，香云纱
惊蛰	——	蛙类
春分	——	鸟巢，鸟儿育雏
清明	——	水稻，稻田
谷雨	——	罗非鱼，夜行动物
		观察

　　广州四季常绿，终年花开，无下雪天，夏日漫长，所以春天很容易被忽略，而大声告诉我们"春天来了"讯息的，却是让人啧啧称奇的春之落叶。在广州，黄葛榕种植广泛，与其他常绿的榕树不同，它们选择在春天落叶。其换装速度相当快，往往在经历寒流刺激后突然一树金黄，叶子在几天内全部脱落，接着又迅速长满鲜嫩欲滴的新叶。在广州多待几年，这"春风扫落叶"的画面就会牢牢地刻印在心里了。

　　广州的春天，到哪里你都会闻到花香。从春节的"行花街"开始，春季的广州城渐渐成为花的海洋。大量的开花植物使空气中充满花的香气，如红花羊蹄甲、樟树花、荔枝花、柚子花等，更特别的是这个季节有些植物的嫩叶如落羽杉、枫香树等，在生长时也会发出特殊的香气，与凉凉的空气混合在一起令人神清气爽。

　　春天，爱情是永恒的主题。由于纬度低，在广州，春天比黄河流域来得更早一些，甚至有种"快进"的节奏，爱情故事在这里早早上演。无论是天上飞的、地上走的，还是水里游的，动物们都不约而同选择在这个季节谈情说爱、繁衍生息。对于很多物种来说，错过了春天就可能错过了一生，繁衍是生命赋予它们的最重要的责任和义务。

　　每个人都有属于自己的春天记忆。来，看看你的春天，都储存了些什么呢？

立春

鸟语花现虫生，
无限春风入羊城。

立春为二十四节气之首，立，是"开始"之意。

立春与立夏、立秋、立冬都反映着季节的更替。根据地球绕太阳公转的位置而划分的四季，称为天文四季，中国农历以"四立"为四季之始，"两分两至"为四季之中。天文四季简明，季节长短较整齐，能反映气候的一般特点，但地处北回归线的广州，实际的四季却并不是平等划分。这种现象和北京相似，只是北京冬季更长，而广州则夏季更长。

如果我们把立春和农历春节对比一下会很有意思。你会发现立春好像"飘忽不定"。有些年份立春会在年前，有些年份立春会在年后。比如2023年立春在农历春节后，是正月十四，与传统的元宵节挨着。但同时立春在公历中又是固定在2月4日或5日。这是什么原因呢？答案在《千字文》中可以找到：闰余成岁，律吕调阳。我国农历的"月"是根据月亮绕着地球旋转一周来计算的，月亮绕地球一周的时间是29.53天。如果同样按照一年12个月计算，就会比地球绕着太阳公转一周的365天5时48分46秒少了11天左右，长时间后，就有可能在夏季过春节。所以农历结合二十四节气，把一年定为354天或355天，余下的时间每三年累积成一个月，加在一年里，这种做法在历法上称为闰。这也导致了农历年，短的年份是350多天一年，长的年份是380多天一年。同时也导致某些年份的立春在农历新年前，有些年份的立春在农历新年后。农历年有两次立春的年份，就是俗话说的"一年双春"，通常这一年又逢闰月，也就是"双春兼闰月"，往往这一年婚嫁喜事特别多。比如2023年，就是"双春兼闰月"，诸事皆宜。

立春

鸟语花现虫生，无限春风入羊城。

二乔玉兰

桃花

金橘

水仙

2022年北京冬奥会开幕式的时间正是中国传统二十四节气的立春，相对于北京的冰天雪地，岭南地区这时已是繁花似锦。我国幅员辽阔，南北跨度大，各地自然节律不一。在黄河流域，立春是进入春天的节奏，万物复苏。而在广州，春天要比黄河流域来得早一些。竺可桢先生在他的《物候学》一书中提到，美国昆虫学家霍普金斯（A. D. Hopkins）通过长期观察北美物候，发现在美国纬度每提高一度，或者海拔高度上升400米，植物的阶段发育在春天和初夏将各延期四天，在晚夏和秋天则各提前四天。我国的纬度和美国相仿，如果参照这种推算方法，即使是广东省内，某种植物在广州的花期比它们在韶关提前十天或半个月也是常见的。

每年农历新年，花城广州，关于花，群众参与度最高的莫过于广州迎春花市（又称除夕花市或年宵花市）。花市上，少不了广府过年必备的三种花：桃花、金橘、水仙。桃花寓意大展宏图；金橘寓意大吉大利；水仙寓意财源广进，兴旺发达，恰好契合千年商都广州"遇水则发，以水为财"的民间说法。

一些鲜切花，如剑兰、玫瑰、百合、大丽花在花市上颇受青睐。近年来花卉品种越来越丰富，花色艳丽的蝴蝶兰、国色天香的牡丹花、金灿灿的地涌金莲也深受欢迎。

广州人行花街是迎接春节的仪式之一，在将鲜花带回家装点生活的同时，也是一种精神的寄托。一家老小到家附近的花市走一走，祈福来年健康平安。

逛花市

鸟语花现虫生，无限春风入羊城。

　　立春时节广州城内百花争艳，水仙、炮仗花、桃花、紫花玉兰、茶花、红花檵（jì）木、樱花、紫花风铃木等竞相绽放。特别是近年来市区公园广泛种植的樱花成为广州立春节气的网红打卡植物。樱花没有梅花的香气，但它有着绯红的颜色，热烈又喜庆。在黄埔区的创业公园以及从化区、花都区都种植了大面积的樱花。此时，广州市的市树木棉也冒出了很多的花骨朵，有一些已经迫不及待地露脸了。

樱花

暗绿绣眼鸟与早春的木棉

李花

山苍子

我国古代以五日为一候，三候为一个节气。从小寒到谷雨这8个节气里共有24候，每候挑选一种花期最准确的植物为代表，将其称作这一候中的花信风，于是便有了"二十四番花信风"。二十四番花信风始于梅花，终于楝花，反映了花开与时令的关系，非常生动、浪漫。

除了在家门口的公园里感受花城的魅力，你也可以趁着假期去山野中看看山林里的开花植物。山苍子在立春节气正值花期。在花都、从化的山区有大量山苍子的野生种群。此时，山苍子的叶子已经落尽，米黄色的小花开满树，散发着让人愉悦的特殊香味。

每年这个时候，从化李花的花海也吸引了很多广州市民前往观赏。

一年中各种植物依次开放，看似简单的出场顺序，却隐藏着自然的节律和物种得以维系的生态链。观察开花植物的花期是记录节气变化非常好的途径。

广州大部分树种四季常绿，但要在广州寻找能反映季节变化的植物作为自然观察对象还是很容易的，其中乡土树种有木棉、朴树、桃树、梅花、构树、黄葛榕、香枫、小叶紫薇、乌桕（jiù）、柿子树、柳树等，外来树种有落羽杉、大叶紫薇、小叶榄仁、苦楝（liàn）树等。它们在春季抽芽，长出新叶，夏季翠绿，秋季变成深绿，冬季变黄或变红然后落叶，剩下光秃秃的树干，度过冬季最寒冷的时节。立春时，以上提及的树种，树干光秃秃的，与周围常绿的榕树、荔枝、龙眼、芒果、蒲葵等植物形成强烈反差。

如果你此时去观察它们，说不定还会有意外惊喜，比如发现在其他季节时隐匿在树冠顶部，吸取寄主营养、截取树顶阳光的广寄生（桑寄生科）。特别是在广州老城区的大树上、古树的顶部很容易见到。当寄主植物（被寄生植物）是落叶植物，此时正光秃秃的时候，茂盛的寄生植物广寄生在枝条上显得格外醒目。又比如平时没发现的鸟巢在这个时候凸显出来，原来有一些鸟巢居然建在我们触手可及的位置，让人不由得大吃一惊。

立春，气温低，昆虫的密度也低，大部分昆虫这时仍以卵或蛹的形式存在，等气温升高后孵化或者羽化。广州

鸟巢

鸟语花现虫生，无限春风入羊城。

立春时节池塘、湖泊的水位低，水温也低。较低的水温抑制了池塘生态系统的生产者——水藻的生长，也抑制了整个池塘生态系统，但水中生命的接力大赛还在悄悄进行。

水生昆虫通常体形比较小，身体颜色比较浅，所以容易被我们忽略，但是鸟类却能看到这些"机会"。立春时，广州水边的鸟儿慢慢开始多起来，如白鹡鸰（jí líng）、暗绿绣眼鸟、白头鹎（bēi）、北灰鹟（wēng）等。它们在湖面来来回回地飞，做出一些追逐、捕食的动作，一眼望过去仿佛它们在捕捉空气，甚是滑稽。但是在一些特殊时段（早晨或傍晚）的逆光条件下，你可以看到它们在捕捉水面上飞舞的昆虫，其中就包括蜉蝣。

蜉蝣的成虫期只有几个小时或者几天。在此期间，它不吃食物或者只喝一点水，并且还会蜕皮。蜉蝣一生经历卵、稚虫、亚成虫和成虫期四个阶段。亚成虫和成虫很相似，而且持续时间非常短暂。蜉蝣一直以来被认为是朝生暮死的。但实际情况是蜉蝣的稚虫在水下蛰伏几个月甚至几年后，才羽化出水，晾干翅膀，飞向天空，寻找另一半，然后在产卵后死去，把生命的接力棒交给下一代。蜉蝣的一生历经千辛万苦，但仍然勇往直前。长久的蛰伏，为的就是迎接生命中的灿烂时刻。

蜉蝣尾部长长的尾丝，看起来仙气十足，但据我观察这长长的尾丝还有着非常重要的作用。起飞时，蜉蝣的长尾丝像滑雪运动员的两根滑雪撑杆，它通过翘起腹部，让尾丝前段向上弯曲，尾丝后段则贴着水面。在尾丝迅速向后用力撑时，给蜉蝣提供向前的反作用力，使得它可以在水面向前滑动，为飞向天空而"助跑"。

蜉蝣的英文名叫mayfly，在英伦三岛要在5月份才能形成成虫。

蜉蝣（▲▼）

虽然立春时间气温较低，但两栖爬行类动物已经开始活动。例如在立春甚至在冬季，我曾记录到紫沙蛇、紫灰锦蛇、黄斑渔游蛇的活动。这与北方冰天雪地的场景大相径庭。

一年之计在于春，在立春的时候好好地规划一年的节气自然观察计划，到第二年的立春，相信你会很有收获，对自然的节律也会有更多的理解和感悟。

立春观察指引

立春节气广州大部分落叶树种已落叶。在家附近找一棵落叶树，观察落叶的颜色、叶脉形状以及气味。通过触摸，分辨落叶正面和背面的质感是否相同。把叶片抛向天空，待其落地，看看是叶面朝上的概率高，还是背面朝上的概率高？树冠是否有鸟巢或者寄生植物？能不能把树画下来？尝试了解它的名字，并在惊蛰、立夏、秋分、小寒时拜访这位树朋友，记录它的变化。

📍打卡点

华南国家植物园（迎春花展）
从化桂峰村（李花）
越秀公园（朴树）
广东省博物馆（广东自然资源展览）
广州市城市规划展览中心

雨水

木棉映日花如炬，
雨打宫粉燕相遇。

雨水至，草木生。雨水让干旱的土地变得湿润，虽然出行会受到一定的影响，但此时的广州格外多姿，雨打宫粉（宫粉羊蹄甲）、落英缤纷，家燕归来，大部分落叶树种已长出新芽，香枫和朴树长出了嫩绿的叶子，一切都欣欣然的样子。

朴树

金腰燕

　　家燕在广州市区出现的时间比北京要早一个月。北京要到春分时节才能见到家燕的身影，而广州在雨水时节，就可以在各大公园的湖面见到家燕纷飞了。家燕是春天的标志性物种。在广州有好几种燕子，其中为我们所熟悉的是在低空飞的家燕和金腰燕。

　　家燕和金腰燕是广州的夏候鸟，春夏季在广州繁殖。由于长期得到人们的庇护，它们喜欢在民居筑巢，巢是用泥和稻草混合筑成，家燕的巢呈碗状。金腰燕巢的形状则像因纽特人的"雪屋"，只是这个"雪屋"倒扣在天花板上，有一个长长的甬道只容一只燕子进出。

家燕

　　而在珠江河道上的高空飞行，有着镰刀形的狭长的翅膀的是雨燕。它们利用高空的气流长时间在天空飞，捕食空中的昆虫。雨燕极少飞向地面，更不会下落到地面，即使喝水也是张开嘴从水面掠过。由于长期在高空飞，因此它们的腿部力量较弱。幼鸟练习飞行时一旦掉落在地，便难再飞起来，对于它们来说，掉落地面就可能意味着死亡。

白腰雨燕

草坪三宝：线柱兰、绥草、瓶尔小草。

线柱兰

绥草

瓶尔小草

雨水时节，广州的草坪上将会出现"草坪三宝"之一的线柱兰。线柱兰特别小，整个植株大约5厘米高，也闻不到花的香气，不过能在寻常的草坪上发现和记录原生的兰花还是一件很有意思的事。线柱兰虽然很不起眼，但是走近看却是非常漂亮，白里透红，外形很像一种油炸的小吃——虾片。当我们窃喜在早春就能看到线柱兰的时候，其实小动物们早已做好打算，占据了最有利的位置。如蟹蛛，会伪装成线柱兰花瓣的颜色，在花朵里静候猎物的到来。

在草坪上也有很多开紫色小花的紫花地丁，这种野花也是报春的植物，当你看到这种紫色小花盛开的时候，表示春天已经到了。

雨水时节，在广州就不得不看木棉了。木棉是广州市的市树，它是一种生长在热带及亚热带地区的落叶大乔木，通体笔直伟岸，大量种植于广州市区，比较有代表性的如中山纪念堂的木棉树。木棉树在其他季节默默无闻，但是到了雨水时节，它们就像约好了似的竞相绽放。木棉的花期大多一致，且开花时间长，远远看上去火红一片，和春季粉色的羊蹄甲交相辉映。

紫花地丁

木棉映日花如炬，雨打宫粉燕相遇。

红耳鹎

木棉树也是带"刺"的植物，为了防止其他大型动物在树皮上蹭，它的树皮上长满了皮棘刺，年幼木棉树的皮棘刺尤其尖锐。

木棉花是广州居民喜欢的一味中药材。把药食同源做到极致的广州人，喜欢用木棉花的干品煲汤，汤品有祛湿的功效，非常适合广州潮湿的气候。但在雨水时节想晒干木棉花却不容易，当你想体验节气手作之时，却偏偏遇上阴雨不断，估计你的劳动成果很快会长出密密麻麻的霉菌，你的手作之旅也将前功尽弃。

木棉花这个巨型的"花塔"在初春时会吸引大量的动物前来觅食，包括鸟类和昆虫。木棉花的花蜜可以给刚刚度过严寒的动物们提供及时的补给，帮助它们恢复体力。所以，在木棉树附近观鸟是一个很不错的选择。

暗绿绣眼鸟：眼睛周边有一圈白色，看上去特别有神。喜欢成群结队，经常一来就来十几只，占据着这些花朵，取食花蜜，在花间跳跃、悬停，很是活跃。

红耳鹎：体形比暗绿绣眼鸟大，长着"朋克头"，耳后有明显的红色毛，屁股上的羽毛也是橙红色的。它们的

木棉花花蜜

食性和活动范围和白头鹎相似，两者是竞争的关系。

白头鹎：广州最常见的鸟类之一，观鸟人称其为"菜鸟"。白头鹎通常性格比较霸道，会驱赶其他的鸟类，特别喜欢"欺负"红耳鹎。

宫粉羊蹄甲开花也会引来大量的鸟类。其中有一种发出绿色光泽的，嘴巴弯弯的叉尾太阳鸟。雄鸟像一位梳着绿色金属光泽油头，身着紧身燕尾礼服，系着红色领带的绅士，非常活跃，通常会一边飞，一边鸣叫，而且它们的领地意识很强，如果其他雄性太阳鸟前来它们的领地，它们就会上前驱赶。但若是雌鸟过来，它们就会过去"撩妹"。叉尾太阳鸟以花蜜为食，花蜜能量虽高，却不饱腹，所以它们必须不停地进食。叉尾太阳鸟是在广州春季常见的鸟类，即使你可能很难在树冠上看到它，但也可以听到它一直不停的鸣叫声。有意思的是，叉尾太阳鸟冬春两季在广州出现，夏秋季在广州却难觅踪迹，因为它是一种垂直迁徙的鸟类，气温高时会迁徙到同纬度海拔高的地方繁殖，所以，在广州城区罕有叉尾太阳鸟繁殖的记录。

雨水时节的广州，桑葚开始上市。桑树是一种神奇的"扳机植物"，分为雌树和雄树，雄花成熟后就会向空气中喷射花粉，花粉靠风力传播，看似漫无目的，却非常有效。桑树也因古代中西方丝绸贸易之路——丝绸之路而闻名世界，是影响世界的中国植物之一。以前，种植桑树主要是用于养蚕，现在则选育了更多的品种，有果桑品种和作蔬菜的食用品种等。花都区有种植果桑的果园。

桑叶的蛋白质含量比一般的植物叶片要高很多，为蚕吐丝提供了很好的物质基础。蚕选择了桑叶，桑叶也成就

叉尾太阳鸟

桑树雄花

扳机植物：被触发之后具有高速喷射花粉的特性，这类植物有一个非常形象的名称叫作"扳机植物（trigger plant）"。

了蚕。在人造纤维发明之前，蚕丝制作的丝绸是最好的服装面料。但是随着工业的发展、机械的普及以及人造纤维的发明，传统养蚕产业受到严重打击。

以前，种桑养蚕在岭南地区非常普遍，珠三角地区还形成了桑基鱼塘这一生态农业模式，即在塘基上种植桑树，以桑叶养蚕，以蚕沙、蚕蛹等作为鱼饵料，最后再以鱼塘产生的塘泥作为桑树肥料。塘基种桑—桑叶养蚕—蚕蛹喂鱼—塘泥肥桑，几个环节互相利用，互相促进，以此达到鱼蚕兼得的效果。

随着珠三角地区以纺织业为首的劳动密集型产业逐渐外迁，桑基鱼塘模式现在在这里已经很少见到，但我们多少还可以看到一些历史的遗留，比如在珠三角地区有一种享誉中外的丝绸——香云纱。

作为国家级非物质文化遗产，香云纱的制作过程如

木棉映日花如炬，雨打宫粉燕相遇。

香云纱晾晒

香云纱晾晒

香云纱制作

下：取薯莨（liáng）（珠三角山谷中一种野生植物的块茎）打碎，煮沸使薯莨汁液渗出，沉淀、过滤后取其鲜红色的汁液作为染料。将丝绸胚浸泡在薯莨汁液中，浸润后取出，铺草坪晾晒。丝绸胚每浸一次薯莨汁，就晾晒一次，整个染色过程需大约30次的浸莨和晒莨。经过薯莨汁液的浸润和阳光的暴晒，白色绸布的颜色不断加深，直到雪白的丝绸变成了赭（zhě）红色。薯莨汁富含单宁酸及胶质，染色之后还能加强蚕丝纤维的韧性。

充分吸收薯莨汁液后，绸布将进行最后一道洗礼——过河泥。涂上了珠三角地区肥沃的河泥后，赭红色的绸布会变成深黑色，其原理是薯莨汁液的主要成分为易于氧化变性产生凝固作用的多酚和鞣（róu）质，与河泥中的高价铁离子发生化学反应后会产生黑色沉淀物，凝结在绸布的表面，因此香云纱正面为黑色，反面为黄褐色。清洗干净河泥后，再交给设计师设计、剪裁、缝制。经过如此繁复工序制作出来的香云纱，每一件都价值不菲。

香云纱是出自鱼米之乡的丝绸与长在岭南地区山谷中的薯莨相遇的奇妙产物，丝绸和薯莨在反复的浸润与暴晒中交融，最后在三角洲肥沃的河泥中惊艳蜕变。这种独特技艺以及工匠精神值得我们去传承和发扬。

雨水节气时，广州地区的春耕工作也拉开了序幕。

雨水观察指引

雨水节气红花羊蹄甲、宫粉羊蹄甲正值花期，特别是广州云道、海珠国家湿地公园、人民北路的宫粉羊蹄甲令人惊艳，你能分辨这两种植物吗？对比树冠有无豆荚（红花羊蹄甲无豆荚）、树皮颜色（宫粉羊蹄甲树皮呈深黑色）、花朵颜色（粉色宫粉、紫红色红花羊蹄甲）、有无嫁接痕迹（红花羊蹄甲有嫁接痕迹）可以作出判断，此外还可通过是否落叶、叶片大小、叶脉进行辨别。

惊蛰

禾雀花开笑春风，
蛙鸣阵阵觅芳踪。

惊蛰

禾雀花开笑春风，蛙鸣阵阵觅芳踪。

惊蛰，也叫启蛰，是指蛰伏于地下越冬的虫被春雷惊醒。惊蛰通常是在"三八"国际妇女节前两到三天。白居易的《闻雷》中描写的惊蛰场景和广州有些相近："震蛰虫蛇出，惊枯草木开。"但广州的惊蛰会比长江流域的惊蛰更精彩，更热闹。

3月的广州是花的海洋。大量开花的植物，在这个时间竞相绽放，如乔木类的木棉、宫粉羊蹄甲，藤本类的禾雀花，灌木类的杜鹃等，甚至不起眼的草地上的杂草也开出许多的小花。

锦绣杜鹃，通常被种在高大树木的下方作陪衬，或者在道路两旁作为绿篱。到了3月，却能突然爆发出惊人能量，满树红的、粉的、白的花，争奇斗艳。欧洲人从中国引入杜鹃后，培育出大量的商业品种，它们也非常适应欧洲的自然条件，在欧洲的很多花园里可以看到杜鹃的身影。而广州气温高，可种植的杜鹃品种不多，其中锦绣杜鹃被大量种植，在公园、小区绿化带随处可见。近距离观察锦绣杜鹃的花，你会发现，它可是有着自己的"小心机"。为了保护花蕾，花苞上的芽鳞具有很强的黏性，小型昆虫被粘上后很难逃脱，往往活活饿死作了花肥。锦绣杜鹃的每一朵花内侧上部有放射状斑点，植物学上称其为蜜导，花儿通过它告诉传粉昆虫：我这里有花蜜，快来吧，赶紧！除了栽培的杜鹃品种，在从化通天蜡烛山上还有野生的杜鹃花海，每年的3月底、4月初是它们的盛花期。

惊蛰也是欣赏禾雀花的好时候。禾雀花扦插容易成活，所以广州不少公园都有禾雀花的观花点，比较壮观的有华南国家植物园、帽峰山、天麓湖公园。绵延粗壮的禾雀花藤蔓上挂满了一串串形似小鸟一样的花朵，非常壮观。然而禾雀花虽然漂亮，却只适合远观，因为它开花时会散发出一股浓烈的气味，我凑近闻过，感觉一阵眩晕。你也可以凑近去闻一闻，感受一下。禾雀花浓烈的气味也是为了吸引动物为它授粉。禾雀花花朵中有一个机关，当

锦绣杜鹃

花朵被翻动时，它会弹射出花粉，把花粉沾染到动物的身上，这样就可以通过动物的觅食完成授粉。

外来树种黄花风铃木也来争春。它来自遥远的南美洲。盛花期满树黄花，例如海珠区的洲头咀公园种植大量黄花风铃木，吸引了大批摄影爱好者，可惜花期只有短短一周左右。到了夏季，它还会产生大量随风飘散的种子。与黄花风铃木相比，立春前开放的紫花风铃木花朵更密集，花期更长，树形更漂亮，成了近几年的网红花。

香樟树在惊蛰节气非常漂亮，它是常绿树种，在广州广泛种植。在沙面和中山大学校园有上百年树龄的香樟树。香樟树在惊蛰时开花，花有香味，闻起来非常清新，隐约有一点冰凉提神的感觉，它的花虽小，但是树冠巨大，所以香味可以飘出很远。不妨在闲暇时找找附近的一棵大香樟树，抬头仰望，做深呼吸，感受浓浓的春天气息。

一些落叶树种在惊蛰节气开始抽芽，绿得颇为新鲜。乡土树种如黄葛榕（黄葛榕是重庆市的市树）、朴树、香枫，以及各大小区和公园种植的外来树种小叶榄仁，此时都是小萌新，十分养眼。

黄花风铃木

禾雀花

小叶榄仁

惊蛰也是广州夏熟的水果——荔枝、黄皮、芒果的花期。"木棉花尽荔支（枝）垂"，描写的就是木棉花期过后，荔枝树开始开花的场景。荔枝的花多且密，压弯了枝头。这时只要你站到荔枝树下，就会听到"嗡嗡嗡"的声音。蜂儿们在辛勤地工作，著名的荔枝蜜就是在这期间酿造的。其实除了蜜蜂，花上还有很多的苍蝇，可不要小看它们，它们在舔舐（shì）花蜜的同时，也间接帮助了果树传粉，为岭南佳果荔枝、龙眼、芒果、黄皮的高产作出了积极贡献。

荔枝花与苍蝇

惊蛰后，原本安静的夜晚开始变得热闹，在广州，蛙类值得特别关注。值此时节，广州的蛙类开始快速进入它们"蛙生"最重要的阶段——繁殖期。

黑眶蟾蜍

春天的雄蛙是耐不住寂寞的，它们会狂热地表达爱意。当你远远听到有蛙的合唱，兴冲冲地拿着手电筒跑过去想看看热闹时，却发现只要你一到现场，所有的蛙都会瞬间噤声，给你一个冷场，让你很是尴尬。而当你转身离开，身后又马上会响起它们的合唱，仿佛在欢送你的离去。如果你想观察蛙是怎么吹泡泡（鸣叫）的，下面两个技巧值得收藏。一是用手电筒的光固定照着有蛙类求偶的地方，等蛙适应了一段时间的手电筒光线后，它就会开始鸣叫；二是找一个下暴雨的晚上，等雨下透后，蛙进入集体的亢奋期，那时它对光线或者人为干扰就不那么敏感了。每种蛙的叫声不同，但总体上叫声的频率与体形相关，通常大体形蛙类叫声深沉，属于低音；小体形蛙类叫声清脆，属于高音；中等体形的介乎两者之间。有一些生活在瀑布附近的蛙类会用高音，以便于求偶时能在瀑布聒

蟾蜍求偶

噪的背景音中脱颖而出。

蛙的繁殖过程通常要经历鸣叫、抱对、产卵三个阶段，其间充满"戏剧性"。

花狭口蛙鸣叫

鸣叫是雄蛙向雌蛙表达爱意的主要方式。为了获得雌蛙的青睐，争夺有利的地形或者产卵场地，雄蛙之间有时会发生激烈的竞争，甚至会为争夺伴侣而大打出手。

黑眶蟾蜍和花狭口蛙都是广州常见蛙类中打架的"圣斗士"，斗殴场面颇为壮观。黑眶蟾蜍为了争夺雌蛙经常要从陆地打到水中，那一招一式，堪比周星驰电影《功夫》里的火云邪神。

而雄性花狭口蛙之间的"决斗"则是另一幅场景。一旦有几只雄蛙同时在狭小的水域出没，它们就会把各自的身体鼓到最大，嘴里念念有词

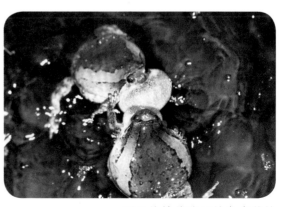

两只雄性花狭口蛙争夺雌蛙

"嗷——嗷——"，然后会像相扑选手比赛一样，不顾一切冲向对方，声囊对撞，接着它们会用短小而又肥大的前肢推挤对方，并用力把对手推出自己的领地。对于雌蛙，它们也会很霸道地用声囊把雌蛙逼到水池边，迫使其与之抱对。

斑腿泛树蛙抱对花狭口蛙

蛙类的抱对方式是雄性在上、雌性在下，成年雌性的体形通常比雄性要大。

然而蛙类抱对有时会出现让人啼笑皆非的情景，那就是抱错"新娘"，比如这只雄性的斑腿泛树蛙错把雌性花狭口蛙当成母斑腿泛树蛙，死死抱住。由于不同物种间生殖隔离的影响，可想而知，这终究是徒劳一场，它们的"爱情"是不会有结果的。

如果蛙类成功抱对，雌蛙很快就会进入产卵阶段。大部分蛙类会直接把卵产在平静的水域里。通常蛙卵是由颜色浅和颜色深的两个半球组合而成，像极了围棋的黑子和白子合并而成的球形。平时我们从水面由上往下看通常只会看到颜色深的一面。

沼水蛙产卵

26

禾雀花开笑春风，蛙鸣阵阵觅芳踪。

蛙卵

为了提高受精率，雄蛙在排出精子时会尽力搅拌水体，让精子和卵子充分混合，所以刚产出来的蛙卵排列是混乱的，但很快这些卵会无一例外地黑色朝上，白色朝下，排列非常整齐。那是因为黑色部分是卵的动物极，白色部分是植物极。动物极颜色深、密度小、易吸热、细胞分裂快，所以朝上；植物极颜色浅、密度大，含有大量营养物质，所以朝下。蛙卵黑白位置的排列，体现了自然界中的生存智慧。黑色朝上，陆上的掠食者就很难发现它们；白色朝下，水下的掠食者也不容易发现这个和天空同一颜色的"肉丸子"。这种大自然的"配色"和水里的鱼类、树上活动的蛇、空中的鸟类有着惊人的相似，背部颜色深、腹部颜色浅，这就是进化的伟力。

也有一部分蛙卵采用"离水"发育的方式，比如广州地区常见的斑腿泛树蛙。它们为后代准备了一个高级的育儿袋，虽然看上去像一团泡沫，但是泡沫表面很快会干

斑腿泛树蛙育儿袋

燥、硬化，从而能起到保持泡沫内部湿润的作用，确保受精卵能在里面正常发育，等到蛙卵发育成小蝌蚪，小蝌蚪就会分泌一些物质来融化这个育儿袋，然后从卵泡中钻出，掉入卵泡水中。斑腿泛树蛙的这一"独门绝技"，使得它成为广州地区蛙类的优势物种。

蛙的发育

由于广州气温高，蛙卵的发育非常迅速，通常1周内就会变成小蝌蚪。

广州的农田一年四季都是忙碌的。勤劳智慧的农民，肥沃的土地以及独特的气候条件，让这里物产丰饶。粮农在惊蛰后开始准备稻田的春耕，果农则忙着给花期的果树施肥（这时果农们会特别关注天气的变化，不希望遭遇大雨，影响果树的授粉）。而去年冬季开花的枇杷和年初开花的桑葚此时正值果实上市，你不妨去尝尝惊蛰的味道。

雨蛙

惊蛰观察指引

惊蛰在3月初，是广州春季最佳的观花时间，羊城到处是花的海洋，去户外观花吧！在家附近找一棵开花的木棉树进行观察。环抱树干丈量它的大小，可以邀请小伙伴帮忙。它的树皮是怎样的？树干基部四周为什么会有像矮墙一样的板根？树枝上有没有叶子？观察木棉树上有哪些小动物？它们在做什么？选取一些新鲜的花朵，清洗后晾晒成木棉花干品放入冰箱备用，并在大暑节气与冬瓜、薏苡仁、扁豆、猪骨一起煲祛暑除湿汤。记得在立夏节气再去拜访这棵树，并记录它的状态。

📍 **打卡点** 🏴

中山纪念堂（木棉）
华南国家植物园（禾雀花）
洲头咀公园（黄花风铃木）
浔峰山生态公园（蟾蜍繁殖）
南昆山（大树蛙繁殖）

春分

春色至此分两半，半是繁花半是缘。

所谓 "分" 指的是昼夜平分，因为这时太阳正直射赤道。在广州，遭人嫌弃的 "回南天" 开始愈发明显，严重的时候感觉墙上、地上处处都是水，衣服也很难晾干。这个节气雨水充沛、土地湿润、气温上升，适合树木生长。在这个节气种下一棵小树苗，为天地涂上一抹新的绿色，在人们心中种下一片希望，也许这才是春天的使命吧。

春分时节柚子花开，在种植柚子的地方到处充满了柚子花的香气。与此同时，构树、杨梅、柳树、紫藤等植物也陆续开花。多看看山花吧，乡土植物的明媚在春季才是恰如其分的，它们没有城市绿化中外来引进园艺品种的妩媚与浓妆，有的只是朴素与淡然。这个时候，观叶植物也非常给力，如前面讲到的朴树、黄葛榕、落羽杉、香枫、

柚子花

八声杜鹃与油菜花

小叶榄仁等，它们的树叶正是一年中最透亮、鲜嫩、干净的时候，恰如少年般阳光而明亮，值得我们驻留更多的目光。

春分时节，广州的早晨开始变得热闹起来，特别是一年四季在广州的"留鸟"。早晨5点，鸟类就开始活动，如果你起得早可以去听听，没准能赶上乌鸫（dōng）和鹊鸲（qú）练嗓子的场景。从春分到立夏，特别适合观鸟。你可以欣赏鸟儿美丽的羽毛，又或是聆听它们悦耳的叫声。观鸟是众多自然观察项目中群众基础最广，最容易入门，也是最容易"上瘾"的项目。

当鸟儿挺过了漫长且食物短缺的冬天，它们开始大量进食花蜜、花粉、水果、虫等补充能量。待吃饱喝足后，雄鸟开始为追寻爱情而忙碌。有些通过华丽的羽毛，有些通过悦耳或聒噪的叫声，有些则是通过暴力和追逐来展开对配偶的争夺。我目睹过一次非常刺激惊险的丝光椋（liáng）鸟打斗。两只丝光椋鸟在二十多米高的木棉树顶上，纠缠在一起，用爪子死死抓住对方，然后从树顶掉下来，差不多到地面的时候，它们才分开，各自飞走，来来回回好几轮。最后，这两只丝光椋鸟从高处掉下来，落在了下方的羊蹄甲树枝上，但是它们还死死地抱在一起，用脚去踹对方。

雄鸟为了得到雌鸟的欢心会费尽心机，除了展示羽毛，驱赶其他的雄性，有时还得懂得浪漫，比如给对方梳理羽毛、赠送食物，又或者像苍鹭一样衔着树枝去求婚。

鸟巢是鸟类为生儿育女临时搭建的家，它们通常远离地面，选址隐蔽，而且具有一定的保暖和隔热功能，为的就是给鸟卵的发育和雏鸟的生长提供安全、适宜的环境。鸟巢的种类多样，广州常见的鸟巢有封闭型和开放型两种，开放型的鸟巢居多，这个主要和建造的成本及安全性能有关。因为建造封闭的鸟巢所要消耗的材料和时间成本比较高，同时在遇到掠食动物袭击时逃脱的概率较小，所以大多数鸟儿会选择建造开放型鸟巢。

苍鹭叼树枝求偶

白腰文鸟筑巢

白腰文鸟筑巢

　　广州常见的采用编织方式建造鸟巢的有暗绿绣眼鸟、白头鹎、画眉、山鹪（jiāo）莺等；采用树洞或者建筑孔隙筑巢的有麻雀、大山雀、丝光椋鸟；用泥巴筑巢（少量泥巴，加大量的干草）的有家燕、乌鸫；采用挖掘泥洞筑巢的有普通翠鸟；还有一些水鸟如黑水鸡、小䴙䴘（pì tī）会把水草折弯，用枯败的水草、树枝堆积在一起做巢。

　　鸟巢建造过程中的不确定因素有时让筑巢相当耗费时间。我观察过一对普通翠鸟夫妇的筑巢过程。它们第一次选址在垂直的坡面，然后用喙去凿洞，凿到了大的树根无法再继续往前时，又在旁边换一个新的点。无奈新的选址进去十多厘米遇到一个石块无法继续推进，只得重新换一个地方，前前后后用了接近40天才筑造好了一个自己的家。

　　仔细观察普通翠鸟的巢，你会发现其中的精妙之处。洞口大小和乒乓球相仿，进去后有个"甬道"，大概有15

普通翠鸟的巢

度向上的倾角，长约30厘米，深入里面还有一个平台是供普通翠鸟产卵和育雏用的。垂直往洞里看是看不见里面的状况的，具有很好的隐蔽性。而这个倾斜"甬道"的作用就是方便以后幼鸟排出粪便和消化不了的鱼骨。

大家会不会有个疑问，万一巢还没筑好，翠鸟妈妈想生蛋了可怎么办？不用担心，鸟类有控制排卵的能力，等到巢筑好后雌鸟才会排卵。当然求偶、筑巢的行为会促进雌鸟排卵的进程。

在茫茫"鸟"海找到知心的另一半，并成功筑巢、繁殖和养育后代是一项非常艰巨的工程。当中任何一个环节出错，都会浪费掉这个宝贵的繁殖季节，于是鸟类演化出了各种各样的育雏方式。

有一部分鸟类的爱情故事在甜蜜地秀恩爱和交配后就戛然而止，独留雌鸟完成孵蛋和育雏，比如鸭类。还有一部分鸟类是让其他的鸟"帮忙"育雏，自己不育雏，如杜鹃。但大部分鸟类的爱情故事会一直持续，直到共同完成育雏。

白头鹎的蛋

鸟类会等到鸟巢内有足够数量的蛋后才开始孵蛋，比如常见的白头鹎会在1周内生下4～5枚蛋，而鸭子会生下10～20枚蛋。当亲鸟（幼鸟的双亲）认为蛋的数量足够后，才会开始孵化，孵化后的幼鸟要统一出巢。出巢后亲鸟带领幼鸟觅食，直到幼鸟具备独立生活能力，它们才会各奔东西。鸟类的"亲情"只维系在育雏期间，哪怕有些亲鸟育雏完毕之后还维持着较长的伴侣关系，但是幼鸟长成后绝不会和亲鸟一起生活，甚至亲鸟会驱逐幼鸟，迫使它们去寻找新的领地。

幼鸟分为早熟型和迟熟型。早熟型如鸭子、鸡，孵化后不久，幼鸟就能跟着亲鸟外出觅食了。迟熟型的燕子，孵化期大约需要7天，刚孵化出来的幼鸟眼睛睁不开，体表没有羽毛，需要亲鸟非常仔细地呵护。早期需有一只亲鸟在窝里照看幼鸟，维持幼鸟

家燕育雏

的体温，因此亲鸟只能轮流外出寻找食物。直到幼鸟羽翼渐渐丰满，能够自我保温，亲鸟才会同时出去觅食。

鸟类的繁殖策略是适应大自然的一种选择。选择同一时间孵化，是让幼鸟发育阶段相同。如果幼鸟发育阶段不同，个头大的幼鸟就更容易抢到亲鸟口中的食物，而抢不到食物的幼鸟就可能面临死亡。其次幼鸟都得面临出巢的问题。比如迟熟型的鸟类，幼鸟前期非常依赖亲鸟提供保温；如果此时幼鸟发育不相同，老大想出去闯世界，而老么还需要保温，那将是非常痛苦的选择，而选择的背后往

暗绿绣眼鸟育雏

往是牺牲，所以鸟类会选择在同一时间孵化。

在非育雏期间，成鸟会迅速吃下它们找到的一切食物。俗话说："鸟为食亡。"而在育雏期间，它们会先把食物带回巢中，特别是在育雏的前期，亲鸟找回来的食物往往以动物性的食物为主，因为雏鸟的成长需要更多的蛋白质。

观察鸟类之间的亲情关系也是很有趣的。比如远东山雀育雏，亲鸟在育雏后期会分头出去找虫，它们不一定会同时回巢，但是也有偶尔刚好碰到同时回巢的时候，每当这个时候它们就会秀起恩爱，来一段欢喜雀跃的舞蹈。雄性衔着虫，鸣叫着，把头往前伸，扭动自己的身体围着雌性跳跃，虽然短暂，但是令人欣慰。鸟尚如此，何况人乎？回到家里请给你的家人一个拥抱吧。

幼鸟吃得多，拉得也多。大多数鸟类会非常慎重地处理幼鸟的粪便。亲鸟喂了幼鸟食物后，幼鸟会自觉地把屁股抬起来，拉出一团白色的粪包。不同的亲鸟对幼鸟的粪便会有不同的处理方式，比如大山雀亲鸟为了保持树洞的干净，防止幼鸟生病，同时避免幼鸟被其他捕食者经由气味发现，会把幼鸟的粪包衔出巢，然后扔到离巢穴数十米以外的地方。也有一些亲鸟会把这些粪包吞进肚子。这个粪包由一层韧性极好的有机防水膜包着，就像是自带的打包设备，方便亲鸟及时清理。就算粪便没有被及时清理，粪包在被幼鸟踩踏、挤压的情况下也不会轻易破开，鸟类粪便的这一固液混合型结构使得鸟巢得以始终保持干燥和干净。

当然也有一些邋遢的鸟类，比如水鸟、猛禽，它们的粪便是喷射状的。翠鸟的幼鸟排便是对着洞口把粪便喷射出去，所以翠鸟鸟巢的洞口到了育雏中后期会非常脏，既有粪便，也夹杂大量被吐出来的鱼骨，真是又脏又臭。亲鸟每次进出巢都

普通翠鸟

得蹚过粪水和食物残渣，这与穿着"红色高跟鞋"，披着一身闪闪发亮的蓝色羽毛的漂亮形象形成了强烈反差。

大多数人认为鸟巢应该是鸟的"家"，实际上巢是个"危险"的地方，只是鸟的临时住所，而且鸟的目标是早点离开，一旦离开就不再回来。我曾偶遇过几次幼鸟的出巢。亲鸟在不远处拼命地叫喊，拍打翅膀鼓励幼鸟爬出巢。当一只幼鸟飞出巢后，亲鸟会在幼鸟周围伴飞，拍打翅膀，继续鼓励，直到所有的幼鸟都出巢。出巢后亲鸟会不停地叫唤幼鸟，确定它们的位置，并送上食物，直到它

在枝头打盹的幼鸟

观察育雏有以下注意事项：①距离不能离得太近，尽量保持安静；②次数不能频繁，不能多人同时围观；③不要触碰鸟巢、鸟蛋和幼鸟；④不能为炫耀和满足个人的虚荣心去拍摄育雏和传播育雏的图片，不在网络暴露鸟类育雏的地点。

们能独立生活。此时的幼鸟是非常危险的，飞行能力差，行动力也差，很容易被捕食。我曾目睹到一只翠鸟刚出巢就被野猫捕食的瞬间，也抓拍到刚出巢后身心疲累的伯劳幼鸟在枝头打盹的画面。

接下来的几天亲鸟会带领幼鸟飞行，教它们寻找食物并教授一些捕食的技能。如果几只幼鸟分别在不同的枝头，亲鸟就会衔着虫来回奔波，有点像大人追着小孩喂饭的场景。

到了晚上，大部分亲鸟还会为出巢后的幼鸟放哨，比较典型的是鹊鸲、乌鸫，在城市公园的夜观中经常见到它们一大家子的身影。然而它们的亲情持续期却很短暂，等幼鸟羽翼丰满后，一家"人"就各奔前程，开始自己新的旅程。但这个亲情的记忆会写进幼鸟的基因中，等它们长大会用同样的方法去照顾下一代。

这就是大自然的奇妙之处。

夜间休息的暗绿绣眼鸟幼鸟

春分观察指引

暗绿绣眼鸟幼鸟特写

听听小区或公园池塘有没有蛙的叫声，尝试通过声音找找蛙在哪里。它们浑身是湿漉漉的还是干燥的，它们是"单身"还是"成双成对"，是否有产卵，卵是怎样的，看看水池中有没有小蝌蚪，小蝌蚪是什么颜色，蝌蚪尾巴的尾部是尖的还是圆的。同时观察小池塘里有没有其他有趣的小动物。允许的话，晚上去小池塘边转转，比较一下池塘里的小动物们是晚上活跃还是白天更活跃？记得在谷雨时节再去小池塘，观察小蝌蚪的变化。

♀打卡点

白云山（乡土植物、鸟类）
火炉山森林公园（鸟类）
沙面（樟树落叶、开花）

清明

吹将二十四番愁，
蝶舞楝花遇新柳。

吹将二十四番愁，蝶舞楝花遇新柳。

柳

清明既是自然节气点，也是传统节日。清明节是传统的重大春祭节日，扫墓祭祀、缅怀祖先，是中华民族自古以来的优良传统，不仅有利于弘扬孝道亲情、唤醒家族共同记忆，还可促进家族成员乃至民族的凝聚力和认同感。

广州的清明节气也是苦楝树花期，引来众多蝴蝶盘旋于此。传统二十四番花信风始于梅花，终于楝花，楝花开完后进入夏季。广州的楝花在清明前开放，淡淡的紫花和纷飞求偶的统帅青凤蝶在这个雨水绵绵的季节给人一种如梦似幻的感觉。

清明时节，广州各大公园水边种植的柳树也是刚好长出嫩叶，开花的时候，享受着春风拂面，看弱柳扶风也挺有诗意的。在民间柳有辟邪的说法，传说清明前后鬼门关会打开，所以广州地区至今还保留着清明门前插柳的习俗。

巴西鸢尾

观鸟需要一架8～10倍望远镜，一本《中国香港及华南鸟类野外手册》。手机可以下载两个App，一个是懂鸟App（可以上传图片，搜鸟种名字，也可以上传声音辨别鸟种），另外一个是中国鸟类记录中心App（可以培养科学记录的习惯，也可以帮助分析鸟种有无错误，同时有助于提前做功课，查找目的地的鸟种）。准备好后可以去海珠湖的雁来栖栈道、广州动物园参与观鸟活动，这两个地方经常有志愿者带着观鸟，同时现场还有鸟类科普的展板。之后可以去流花湖公园、火炉山、海珠国家湿地公园等处观鸟以提高观鸟的能力。

平时其貌不扬的巴西鸢尾也开花了。可千万不要被巴西鸢尾漂亮的外表欺骗了，它其实是很有"心机"的植物。巴西鸢尾3枚直立内卷的花瓣上各有一个像关节一样的机关，蜜蜂一旦站在这3枚直立内卷的花瓣上，也就是图中的紫色部分，花瓣就会向中心的花柱弯曲，蜜蜂也跟着"摔倒"在花朵的中间，在里面挣扎着爬起来。这种坑"媒婆"的行为，可不是单纯恶作剧，而是为了提高它的授粉概率。

从清明到谷雨，整个4月广州花开不断，是赏花踏青的好时节。同时，根据广州观鸟爱好者多年的观鸟数据显示，4月是一年中可观测鸟种数量最多的月份。

鸟类是和我们走得最近的野生动物。观鸟活动在广州有非常广泛的群众基础，青少年参与度也高。观鸟有益身心健康，是集自然博物、徒步健身以及具有科学调查性质的自然观察活动。广州市全市的鸟种有300多种（全国有1 400多种）。结合二十四个节气观鸟，相信你会有不一样的感悟。

清明节气的夜晚，在广州的郊野公园已经可以看到萤火虫了，这预示着夏天即将到来。清明前后气温波动大，可能会遇到"倒春寒"，突然的低温会打乱动物们的生活节奏。在"倒春寒"的日子，你可能会在白天遇到蜻蜓羽化的情景。蜻蜓羽化通常在上半夜完成，但是如果气温突然降低，拖延了它们的羽化进程，它们会在早晨气温升高后完成羽化。它们在风中颤颤巍巍却破釜沉舟的样子，特别令人动容。

胡蜂也开始忙碌起来，蜂王会从零开始建立一个拥有成千上万"子民"的王朝，这个王朝会在秋分节气后慢慢瓦解，等到冬季就只剩下一个令人生畏的空"城堡"。新的蜂王躲在树洞、泥土中冬眠，等待新一年的到来。

吹将二十四番愁，蝶舞楝花遇新柳。

蜂王已经把蜂巢内部的基本结构弄好了，在几个六边形的育儿室里（◄），蜂卵正在慢慢孵化。蜂王还会在巢脾的外面建一个带"虎纹"的保护外壳（▲）。等蜂王把第一批工蜂喂养大，工蜂加入"工作"后，蜂巢的建设速度会更快。直到秋季，蜂巢的大小达到顶峰。

清明时节还是吃田螺的好时候，俗话说："清明螺，赛肥鹅。"炒田螺也是老广州的特色夜宵。不妨动动手做一道炒田螺，享受不一样的节气味道。

清明前后，农民们开始插秧了，农田也从一片枯萎、衰败的景象变得欣欣向荣。水稻是禾本科的植物，看上去很不起眼，却养活了世界上70%的人口。考古发现，我们的祖先在12 000年前就开始了水稻的栽培。经过1万多年的耕种、选育，栽培稻和野生稻相比，已经有了很大的变化，这也是劳动创造的奇迹。但是栽培稻和野生稻有一个共同的结构——叶耳，这一特征有助于把它们和其他禾本科植物区别开来。叶耳像一对耳环挂在叶鞘上。如果有机会参与稻田锄草劳动，可以据此区分水稻和野草。

水稻的叶耳

绝大部分的野生稻不适合栽培，因为野生稻有成熟落粒的特点，也就是种子成熟之后在外力作用下容易掉落。这是野生稻保护种子的一种策略。但是我们的先人却发现其中有成熟不落粒的变异种，通过选育变成了今天的栽培稻。

粳米和籼米

野生稻现在虽无栽培的价值却有着非常重要的地位，它是我国国家二级重点保护植物，有着非常重要的生态价值和科研价值。比如袁隆平教授在水稻育种中，利用雄性不育的野生稻培育了杂交水稻，成功解决了我国人民的饥饿问题，在国际上甚至被认为是中国继四大发明之后的第五大发明。野生稻是水稻种质资源天然的基因库，在长期的自然选择压力下，具有诸多优良基因。野生稻有许多可供现代水稻育种和生物技术利用的特异性状，如耐寒、抗虫、耐病、耐涝、耐盐、抗干旱、抗草等，这些可提高栽培稻抵御病虫草害的能力，改良水稻的生物学性状，提高

五羊雕像

吹将二十四番愁，蝶舞楝花遇新柳。

水稻品种和产量。若将来遇到气候变化，现在的栽培稻品种减产或者不再适合种植，我们就必须从野生稻这里寻找适应新气候环境的基因去获得新的栽培稻品种。

广州是传统稻作农业区，水稻有着极其重要的地位。广州，简称"穗"，一个以五谷为简称的城市。广州的地标五羊雕像，主羊头部高高昂起，口含饱满稻穗，喻示羊城人们丰衣足食。

岭南地区种植的水稻品种是长颗粒的籼（xiān）稻，这种稻米吸水性强，煮出来的饭软糯、蓬松、香气浓郁。著名的品种有广州增城丝苗米、韶关马坝油粘米等。而我国北方栽培的水稻品种大多是粳（jīng，也作gēng）稻，颗粒短，粗壮，珠三角地区称粳米是"肥仔米"，吸水性不强，更有弹性。寿司用的饭团，使用的便是粳米。

水稻养育了这里一代又一代的人。但是随着城市的发展，传统农业逐渐萎缩，水稻种植区域逐渐退缩到从化、增城等地。离广州市区最近的稻田位于黄埔区大吉沙岛，那里有袁隆平教授的杂交水稻试验田。

适合水稻生长的土层并不是天然形成的，需经过人们几十甚至上百年辛苦的耕作才能形成一层厚厚黝黑黏糊的肥沃土层。这也证明了国家对水稻耕种区域进行保护的必要性。

由于水稻种植需要大量的水，以保持稻田的常年湿润，因此水稻田可以说是一种人工的湿地。在农耕时代，它也是所有经历过农村生活的人儿时的游乐园和自然课堂。老一辈的人在这里了解节气、植物知识。但随着20世纪以来农药和化肥的大量使用，水稻田的人工湿地功能慢慢退化，机械化的耕作也让我们没有了和水稻田亲密接触的机会。当人们逐渐远离水稻田，便又回到了"知其味，而忘其源"的状态。

稻鸭共生

在增城，农民在水稻田混养鸭子，鸭子吃虫，鸭粪肥田，发展形成稻鸭共生的生态稻田。

如果一片水稻田以生态友好型的耕作方式运行，并充分展现和发挥湿地的生态功能，那么水稻田中的物种会很丰富。水稻田是蛙类的天然庇护所、栖息地。此外，还有大量的蜻蜓、蜂、蝽（chūn）、蝌蟏（qú jīng）、蛇类、鸟类等，也参与构建水稻田复杂的生态系统。如果我们一味追求产量和效益，必然会因过量使用农药和化肥而污染环境，这样其他物种就失去了赖以生存的空间，水稻田就变成单一种植水稻的地方，失去了人工湿地的作用。

池鹭与稻田

清明观察指引

4月冬候鸟陆续离开广州北上繁殖。带上望远镜，踏青观鸟去。如果你有观鸟基础，可在清明、小暑节气在同一地点观察，并对比分析两次的观鸟数据。如果你是初学观鸟，可以选择在市区的公园观察草坪上的鸟、湖里的鸟、树上的鸟。留意鸟儿羽毛的颜色、喙的形状、脖子长短、脚的长短、动作特征，对比它们的大小，并尝试查找它们的物种名称。

吹将二十四番愁，蝶舞楝花遇新柳。

打卡点

东湖公园（柳树）
大吉沙、增城朱村（春耕劳动）
香雪公园（摘青梅）
火炉山森林公园（油桐花）
南沙潭州（白蔗）

谷雨

花前时时雨，
江中鱼徜游

花前时时雨，江中鱼洄游。

　　谷雨是春季的最后一个节气。正所谓"雨生百谷"，谷雨到来，万物生长渐旺，大地愈加生机勃勃。广州此时的雨量可要比内陆地区同期的雨量要来得更猛一些，也意味着广州开始进入防汛期，广州汛期是4—9月。雨热同期的广州在谷雨节气气温已达到入夏的标准。大量当年早春出生的蟾蜍在这时从水池登陆岸上，开始在陆地的生活，路上密密麻麻葵花籽大小的蟾蜍往往会被人误认为是地震的先兆。

金银花

水蒲桃

蜂群

谷雨节气，金银花、栀子花、使君子、水石榕、鸡蛋花、玉叶金花、土沉香、降香黄檀（海南黄花梨）等植物陆续开花。这时有香味的开花植物比早春时要多，而且香气更浓郁。

从化的青梅，此时恰好成熟。饱满的青梅与醇香的酒精深度融合，经过时间的沉淀，一杯果香浓郁、酸甜可口的青梅酒很快就可以端上餐桌了。广州城区的水蒲桃也在这时候成熟。水蒲桃在广州很常见，它既是行道树，也是果树。水蒲桃的味道非常特别，成熟时是金黄色，闻起来非常像玫瑰，吃起来口感却像苹果，所以有"玫瑰苹果"的称号。

春季广州百花齐放，更是大量岭南佳果的花期，这时花蜜和花粉充足，蜜蜂繁殖迅速，通常蜂群密度在春季末达到顶峰，然后开始分巢，在找到合适的地方如树洞、墙缝后，它们将分批集体离开。而在广州越冬的冬候鸟也将陆续离开，开始它们往北迁徙的旅程，到内陆繁殖，等到冬季再飞回来。

多雨的季节也让江河水满。广州地区水系密布，大量的鱼类受到春季流水的刺激开始了孕育生命的旅程。以前我们会从珠江中捞取鱼苗进行养殖。随着养殖技术的提高、珠江生态环境的改变，鱼苗在各地的鱼苗场也有繁殖，这样虽然保证了鱼苗的供应，但是也造成了鱼苗的退化。所以野生种质资源的匮乏会直接影响我们的农业生产，波及我们的餐桌。在春季下大雨的时候，我们常能在小溪河道连通江河的地方看到鱼儿拼命往上游游去，这是它们为了寻求适宜的产卵条件，去上游产下鱼卵，这一现象称为"洄游"。有一些鱼类还会游到我们的水稻田里进行繁殖。

洄游

唐鱼

罗非鱼筑巢

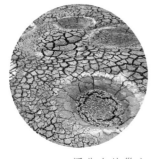

罗非鱼的巢穴

罗非鱼求偶

在种类丰富的鱼儿中，有一种广州特有的原生鱼种唐鱼。它由我国鱼类学家林书颜先生于1932年在白云山首次发现，后来被带到美国而被称作"唐鱼"。唐鱼也有广州市鱼之称。如今的从化区良口镇有我国境内唯一一个以唐鱼作为保护对象的保护区。

谷雨时在广州的各大公园可以观察到罗非鱼的繁殖。当罗非鱼开始为了求偶做准备时，体色就会变得鲜艳，行为也会变得好斗。

雄鱼会在浅水区域选好孵化的场所，然后用嘴把泥土和沙子运出去，直到这个地方变成一个形似铁锅的"泥坑"，接着它们会来回地在里面啃、咬，以确保里面干净无杂物。我曾尝试过往它们的巢穴里扔一些杂物，比如小石头，雄鱼看到后会很快清理掉。等一切准备就绪，它们就会在自己的巢穴里展示迷人的身姿、鲜艳的体色、高耸的背鳍，以便引诱过往的异性到自己的巢穴。一旦雌鱼进入巢穴，它们甚至会和雌鱼跳上一段贴身的舞蹈。

罗非鱼求偶

如果经过家门口的是其他雄性罗非鱼，雄鱼和雄鱼之间就会发生打斗。它们先是相互恫吓，把嘴巴张开到最大，让对方感到自己很强大，吓退对方。不奏效的话再上前攻击对方。但它们总体还是相对斯文，不像斗鱼那样会撕咬对方。进入巢穴的雌鱼会和雄鱼在产卵场地排出卵子和精子。然后雌鱼会把鱼卵收集到嘴里，等待受精卵在口中发育成小鱼。正因为繁殖能力超强，食性广，罗非鱼入侵了南方地区几乎所有的河道，对原生物种造成了巨大威胁。

罗非鱼护幼鱼

花前时时雨，江中鱼洄游。

从谷雨开始到秋分，生物多样性丰富的广州地区非常适合开展夜间自然观察活动。白天我们看到的景象只是大自然的一部分，而夜晚和白天同样精彩，如：夜行动物的觅食、求偶，夜间植物的开花。伴随着月影星光，我们会看到大自然的另一面。

夜行动物在太阳落山后慢慢活跃起来。常见的会飞的夜行动物有蝙蝠。广州地区的蝙蝠有两大类，一类是捕捉飞虫的伏翼，另一类是吃水果的果蝠。大概的区分在于果蝠体形更大，有些依靠发达的夜间视力寻找果实和夜间开花的植物。

常见的在地上爬的夜行动物有蛙类和蛇类，特别是下雨天的夜晚，广州地区的蛙类非常活跃，它们的叫声是广

福寿螺产卵

州夏夜的背景声。除此之外还有蛞蝓（俗称鼻涕虫）、涡（wō）虫、蜗牛等软体动物。其中非洲大蜗牛最为大家熟知，雨后经常在小区道路出现。

夜间观察还可以看到很多有趣的动物行为，如螽斯、福寿螺等动物为了躲避天敌，会选择在夜间完成繁殖、产卵。

大部分昆虫的蜕皮和羽化也会选择在夜晚。因为在蜕皮和羽化过程中会短暂失去外骨骼的保护，它们会变得格外脆弱，容易受到外界伤害。同时在蜕皮和羽化的大部分时间里昆虫没有活动能力，如果此时出现捕食者，它们毫无反抗能力，只能坐以待毙。

螽斯产卵

蜕皮是因为昆虫幼虫长大了，需要换一副可以容纳更大身材的"皮囊"，蜕皮后外形上并没有太大的改变。而羽化是昆虫的"成人礼"，为了飞向天空，蜕变出一双漂亮的翅膀，可以说是把原来所有的物质重组，变成一个全新的生物体。羽化的时间会更长一点，通常会持续3~4个小时。羽化比蜕皮的危险系数更大。在羽化前期它们的翅膀还没有充盈，任何的触碰都可能导致它们摔下来或者翅膀受伤，它们将永远失去飞行的能力以及繁衍后代的机会。等到第二天天亮，失去飞行能力的它们可能很快会成为其他动物的食物。有一些昆虫羽化后会留下一副外骨骼，比如蝉；有些却会把外骨骼吃掉，比如螽斯。

夜行动物如何在黑暗中完成求偶、交配的过程也是

螽斯羽化

花前时时雨，江中鱼洄游。

大雁蛾

值得探究的动物行为。夜晚,没有了太阳这个"大灯泡"辅助,各种夜行动物有不同的联络方式,常见的有利用声音、光线、气味等。例如雄蛙通过叫声,展示自己的能力。雌蛙往往慕"声"而来,如情投意合就抱对产卵。每一种蛙都有不同的叫声,虽然你听到的可能是大杂烩,但是对于蛙类而言,它们练就了"屏蔽"其他声音的能力,犹如电影《听风者》里梁朝伟饰演的角色,可以在大量杂乱的声频信息中获取它们所需要的声音。同样通过声音求偶的还有鸣虫。萤火虫则是提着"灯笼"找女朋友。而蛾类的求偶则是静悄悄的,因为它们只需通过气味来寻找自己的另一半。

谷雨时节，除了自然界，人类世界也充满了喧嚣。在广州的农村，春耕进行得热火朝天。种瓜、点豆、插秧，好一派热闹的景象。在这个湿润的季节种下去的作物仿佛都能生根发芽，给人满满的希望。接下来进入高温的长夏，广州本地能种植的叶菜种类比较局限，只能种植番薯苗、通心菜等，更多以豆角、茄子、青瓜（黄瓜）为主，等到立秋以后，状况才会有改观。不过现在物流更方便了，我们可以吃到宁夏、云南地区为我们提供的菜心、生菜、萝卜等。

青瓜

谷雨观察指引

📍打卡点

黄埔岭头村（茶园）
白云山西门（茶园）

雨生百谷。到广州周边的农田做自然观察（大吉沙、朱村水稻田），触摸稻田的泥土，泥土的颜色是怎样的？是否有特殊的气味？稻田的泥土为什么这么平整？水稻叶子的叶面和边缘摸起来是什么感觉？水稻的叶脉是怎样的？能否找到水稻叶鞘上的两个叶耳？稻田的水里有小生物吗？了解传统农业如何保持水稻田的肥沃。

谷雨

花前时时雨，江中鱼洄游。

57

夏

立夏 小满
芒种 夏至
小暑 大暑

夏，代表着炎热、繁茂。夏季，随着阳气的增强，万物开始蓬勃生长。

○ 节气 重点介绍内容

立夏 —— 蝉，萤火虫
小满 —— 荔枝，竹子和蚂蚁，
　　　　家燕育雏
芒种 —— 荷，水稻
夏至 —— 真菌，泥蜂
小暑 —— 土沉香种子和胡蜂
大暑 —— 蜻蜓

广州的夏季特别长，高温天气会一直持续到秋分。整个夏季气温高，紫外线强烈，还时常伴有雷雨大风。夏季虽热，但是孩子们对于夏季又最为憧憬，因为有一个长长的假期，可以在溪边玩水，在榕树下纳凉，在草地上仰望星空，享受惬意而美好的童年。

广州的夏由空中飘落的木棉絮和白兰花盛放宣告开始。当走在广州的街头，邂逅空中飘飞的木棉絮，闻到白兰馥郁的花香时，便知道夏天已经来了。广州夏季万物的生长是全方位的，即使是没有阳光到达的地方，高温、潮湿也促使菌类快速生长。

酷热的夏季，好在有岭南佳果的慰藉。杨梅、李子、荔枝、龙眼、黄皮，"你方唱罢我登场"，纷纷挂满枝头，令人垂涎欲滴。

广州的夏季有让人烦恼的蚊子，但也不乏拥有样子可爱、颜值高的昆虫。昆虫此时往往会代替春季的鸟类成为自然观察的主角。夏日歌手薄翅蝉、夜光天使萤火虫、炫技达人蜻蜓纷纷闪亮登场。

夏初鸟类繁殖进入高潮，广州到处可见嘴里叼着食物忙忙碌碌的鸟儿，以及在枝头"啾啾啾"吵着要吃的幼鸟。这时爬行动物也进入了繁殖期，它们的出现会让人们感到害怕，但其实它们也很胆小，碰到了人会第一时间选择逃跑。

高温下，花果飘香，蝉鸣鸟叫，大自然依旧精彩。

立夏

木棉絮飘萤火飞，
独看青枝杨梅垂。

斑头鸺鹠（xiū liú）

　　立夏在5月初，广州的立夏给人的感觉是什么都刚刚好，像人之十六七岁，无限美好。立夏时节，映入眼帘的都是深深浅浅的绿。落叶树种吸收了春天雨水和阳光的滋养，从初春光秃秃的树枝，变得郁郁葱葱，叶片展开，铺满树冠。金色的阳光透过这一抹抹嫩绿，投射到地面。微风拂过，地上光斑跃动，和着树上摇曳的光晕，仿佛日光下的双人舞，灵动又不失静逸。

木棉絮飘萤火飞，独看青枝杨梅垂。

　　城市花园中的白兰、使君子、鸡蛋花、麻楝、凤凰木、火焰木、野牡丹、夹竹桃、百合正值花期，各种开花植物让广州的初夏显得灿烂。

　　白兰在夜晚散发的香气让广州的空气有了夏天的味道。城市周边山林的木荷此时满树白花，如霜似雪，清丽宜人。木荷是广州山区的防火树种，连片种植在山脊的防火带上。种植木荷的山脊往往也是广州周边经典的徒步路线，如龙洞、帽峰山等。当看到城市中的白兰、山林中的

木荷

木棉絮

杨梅

木荷开花时，就提示着大家夏天到了。

木棉经过春季的开花、结果，果荚在立夏时开裂，大量的木棉絮夹杂着黑色的种子从高处随风飘落。当一阵风吹过，木棉絮在空中飞舞，给人下雪的错觉。木棉絮纤维短、卷曲、光滑，干燥蓬松后体积是原来的十倍以上。这种棉絮虽不能纺纱织线，但适合做填充物。每年这个节气只要不下雨，我都会带小孩去木棉树下捡一些木棉，积少成多，晒干，去掉种子后可以做个枕头，既环保也是立夏的一个节气手作。

立夏节气广州的杨梅开始成熟，杨梅树四季常绿，近年来也作为乡土的园林绿化树种被引入广州的各大公园和小区。绿化用的杨梅树的果实酸味强劲，用广州话形容是"盲公都开眼"，相比而言，广州从化地区产的杨梅则个大味美。

这个时期广州地区的物种呈现爆发式的增长。即使是路边的一片草丛，都会看到各种小动物忙碌的身影。如膜翅目的蜂类、各种蚂蚁，鳞翅目的蝶类、蛾类，鞘翅目的甲虫，半翅目的蝽等。如果有放大镜还可以观察到更多体形更小的昆虫，如蚜虫。大多数的不完全变态昆虫此时都属于若虫期，还没有翅膀，个体较小。

如果要从众多昆虫中，找一种昆虫代表立夏，我会选广州常见的薄翅蝉。

它们会在立夏的夜晚结束漫长的地下生活，从一个驼背、满身是土、爬行向前，甚至面貌有点"丑陋"的家伙，蜕变成一个拥有翠绿色翅膀的夏日歌手。

蝉，是我儿时记忆中关于夏天的标志性昆虫之一。小时候我会拿铁线做一个圈圈，接着把这个圈圈固定在竹竿上，然后跟着小伙伴们四处去找新鲜的蜘蛛网，把蜘蛛网缠绕在圈圈上，把整个铁圈变得像一个超大的棒棒糖。只要收集到足够的蜘蛛网，就有足够的黏性粘住蝉。提着这个超大的"棒棒糖"就可以去附近的苦楝树上找蝉了。当发现蝉时，悄悄爬上树，慢慢靠近，在最近的树杈上双腿

木棉絮飘萤火飞，独看青枝杨梅垂。

薄翅蝉羽化

蝉羽化

薄翅蝉

夹着树枝，让同伴把铁圈递上来，手握竹竿，轻轻从蝉的背后把蝉粘住。我们专挑会鸣叫的雄蝉来粘，雌蝉不会鸣叫因为它没有发声的器官。更多时候，蝉没捕到，"吱"一声飞走了，我们反而被喷了一脸的"蝉尿"，至今想来，依然趣味盎然。

除了蝉，夏天也少不了萤火虫，这是很多人对夏夜浪漫向往的代表物种，也凝聚了孩子们对昆虫的所有美好想象。即使在城市中长大，害怕和昆虫接触的孩子，在遇见萤火虫时也会情不自禁地伸出手掌，期望托住那一点点闪动的光。

广州地区每年的4—10月，在生境好、原生植物多、腐殖层厚的生态林里都能见到萤火虫。一般5月的规模会比较

萤火虫荧光

壮观，其他月份也会零星发生。在华南国家植物园和广东树木公园、浔峰山生态公园，以及广州周边的龙洞水库、帽峰山等，都可以看到萤火虫漫天飞舞的壮观场景。

广州的萤火虫种类繁多，生活史也很特别。例如大陆窗萤比较常见。大陆窗萤的雌虫不会飞行，而是潜伏在草丛中。我一直想观察大陆窗萤的生活史，但是由于不了解这个物种的习性，好长一段时间一直没能在野外找到大陆窗萤的雌性成虫。直到2016年与夏章然、黄杨致同学在浔峰山生态公园找到三只窗萤的幼虫。他俩在家中的生态缸内模拟了萤火虫的生境，包括温度、湿度、食物等，经过长达半年多的悉心照顾，三只幼虫成功羽化，而其中的一只是雌虫，这才让我有幸一睹窗萤雌虫的倩影。

大陆窗萤的雌虫（左），雄虫（右）

后来我在野外还拍摄到了萤火虫的求偶。原来找到低调的雌虫需要一些耐心和方法。如果你想一探究竟，可以在萤火虫集中出没的地方，确保安全后，关掉所有的照明，观察萤火虫在空中划过的光轨。有一些发光强的雄性萤火虫在飞行一段时间后，会降低飞行高度，然后贴近地面，绕着一个特定的区域飞，再慢慢地降落下来。如果你发现它的降落地点有另外一只发光要暗很多的萤火虫，你就很有可能找到了萤火虫幽会的地点。萤火虫雄虫靠雌虫发出的微弱光线进行导航，所以如果夜间有光污染，就会影响它们的繁殖。

萤火虫交尾

萤火虫可以通过尾部的发光

器来判断雌雄。雌性萤火虫只有一节发光器，发出的光比较暗。雄性萤火虫有两节发光器，发出的光较强。每一种萤火虫都有自己的发光密码。通过观察我发现萤火虫的光除了用于求偶，似乎还用于警告，甚至是表示"心情"。有一次在一个萤火虫纷飞的林子，我发现一个角落里有萤火虫在发光，发光的频率和周围的萤火虫不同，更快。我走近后看到，原来有几只萤火虫被一个大蜘蛛网粘住了，它们发出的光似乎在警告其他的同类不要靠近。我也曾观察到一只食管里装着好多萤火虫的蟾蜍，被吞的萤火虫发出的光很弱，时间间隔长，很像我们心情沮丧时的样子。

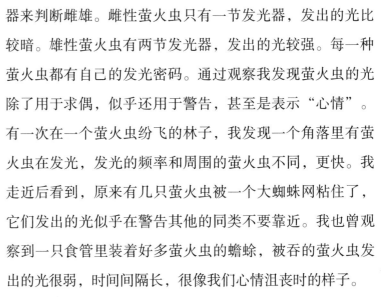
萤火虫幼虫

萤火虫是完全变态发育，对生存环境要求很高。陆生萤火虫对土壤污染（如农药、化肥、除草剂的使用）、栖息地破坏、食物链断裂（如土地开发）、腐殖层消失、光污染，以及土壤板结等非常敏感。水生的萤火虫对自然环境的要求比陆生萤火虫更为苛刻。除了对大环境敏感外，还对水质有很高的要求，如果溪流的源头受到污染，那整个溪流的水生萤火虫都会受到严重的影响。在广州一些生态环境好的溪流中，如广州近郊龙洞的山溪，你在晚上关掉所有的照明，会发现溪流两边水位线边缘，那些湿润的石头和青苔上，有短暂却非常同步的白色闪光，犹如飞机场跑道的照明指示灯一般，那就是水生萤火虫幼虫发出的光。

萤火虫幼虫捕食烟管螺

因为萤火虫对生境的要求很高，请不要在观赏萤火虫的时候捕捉它们，或者把它们带走，更不要上网购买捕捉的萤火虫。对萤火虫来说，一旦离开了栖息地，等待它们的只有死亡。

萤火虫的幼虫是肉食性的，陆生种类会捕食蜗牛、蛞蝓，水生种类会捕食螺、贝类等。成虫期多数种类只喝水或吃花粉和花蜜，或者利用幼虫期贮藏的脂肪来补充能量。成虫一般在交尾、产卵后便死去。

当萤火虫及其生境受到充分的保护时，观赏萤火虫也可以成为一个生态旅游项目。我曾经到过马来西亚观看萤火虫，非常的壮观。当地的导游讲解专业，要求严格，我们只被允许关灯观看，不允许打开闪光灯拍摄，更不允许捕捉、伤害萤火虫。导游甚至告诉我们说如果看见游客有抓萤火虫的行为，他们会报警处理。由于保护得当，当地的萤火虫数量非常可观，每年吸引了全世界的游客慕名前去观赏。我也到过台湾阿里山参加当地村民导赏员带领的萤火虫导赏活动。村民对萤火虫的习性非常了解，可以通过制造某种特定频率的闪光吸引某种萤火虫前来，十分神奇。

立夏观察指引

立夏节气广州物种爆发，夜晚更是热闹。带上手电筒、穿上雨鞋，约上三五知己（未成年人由家长陪同）到广州周边的郊野公园（华南国家植物园、海珠国家湿地公园、广东树木公园）做夜间观察，探访我们的动物邻居。有一些动物呈休息状态，它们是否白天特别活跃？哪些动物在晚上活动？它们是否白天很少见到？是否有在白天和夜晚都活跃的动物？你观察到的夜间活动的动物行为是什么，羽化、捕食还是求偶？

打卡点

华南国家植物园（萤火虫）

广东树木公园（萤火虫、两栖爬行类动物）

华农树木园（萤火虫、蝉蜕）

龙洞（蝴蝶）　十香园纪念馆（芳香植物）

从化良口镇（杨梅）

小满

小河渐满莲蓬生，
沙蝉鸣叫荔枝沉。

小河渐满莲蓬生，沙蝉鸣叫荔枝沉。

　　小满时节，北方地区冬小麦穗粒渐满，再等1个月就可以收割了，而广州地区的水稻开始抽穗扬花。小满这个词，很有诗意，蕴含着古代中国人的哲学智慧，既恰当地描述了各种物种在这个节气的状态，也代表着一种积极向上的精神。这种状态使人内心充实，让人对即将到来的收获有着无尽的期盼，同时也提醒着我们还要继续努力劳动，不可半途而废。

荷花与莲蓬

小满恰逢广州的雨季，此时江河水位渐满。立夏开的第一批荷花已长成莲蓬，莲蓬开始膨大，莲子逐渐成熟，在下一个节气芒种就可以一边欣赏荷花，一边吃着可口的莲子了。

在小满节气，最让人期待的岭南佳果荔枝开始成熟了。广州日照长、气温高、降雨多、土壤肥，适合荔枝生长。此外，冬季和早春低温干旱，有利于荔枝花芽分化；春末和夏季温度高、雨量充沛，有利于荔枝开花结果和营养积累；因此，广州出产的荔枝香甜多汁。

荔枝

广州人喜欢荔枝，甚至有些地名都与荔枝有关，如荔湾区，因区内有"一湾青水绿，两岸荔枝红"美誉的"荔枝湾"而得名。广州有句谚语：沙蝉叫，荔枝熟。5—7月，不同品种的荔枝陆续上市。5月份上市的荔枝，多是三月红、白蜡、黑叶、妃子笑等早熟品种，6月中旬上市的则是荔枝的一些优良品种如糯米糍、怀枝、桂味等。

荔枝最讲究"鲜"味，但保鲜很困难，即使是放入冰箱保存，几天过后味道也会大打折扣。杜牧笔下"一骑红尘妃子笑，无人知是荔枝来"，生动刻画了在交通不便的古代能吃到新鲜的荔枝真的是只有皇家才能独享的奢侈。荔枝除了作为新鲜水果直接食用，还可以加工成荔枝干。如果有机会去果园采摘荔枝，可要小心藏在荔枝树叶里的土黄色的荔枝蝽。它们在受到惊扰后会从尾部喷射出带有浓烈气味的液体，这种气味很难清洗干净，可谓"久久留香"。同时这些液体会对皮肤产生烧灼一般的疼痛感，如

小河渐满莲蓬生，沙蝉鸣叫荔枝沉。

荔枝蝽产卵

果不及时处理，沾染到的皮肤还会发黑、掉皮。若是皮肤不小心沾染上这些液体，应及时用大量的清水清洗处理。荔枝蝽产卵也很有意思，无论按怎样的规则排列，每个雌虫产卵都是14枚。

　　每年的立夏到小满是无叶美冠兰的花期。无叶美冠兰很特别，平时看不见它的叶子和枝条，但在这个时间它会突然从地下冒出来，开出漂亮的花朵。一般开花植物有根、茎、叶，但它却没有，它是腐生的兰花，全株不生长绿叶，靠根部腐生营养生存。这也说明大自然里没有标准答案，只有适者生存这个法则。

无叶美冠兰

弓背蚁与竹笋"吐水"

　　6—10月是广州竹笋采摘的好时节。花都的红山村、从化山区的竹笋都非常有名。充足的雨水和高温使竹子进入了快速生长期。无论是山区，还是城市花园里的竹子，只要看到竹笋，你都可以走近观察。在小满节气刚冒出地面的竹笋，就已经有小动物们前去觅食。竹笋上通常会有蚂蚁忙碌的身影，那蚂蚁在竹笋上干什么呢？吃竹笋吗？不是的。其实是竹笋主动"邀约"蚂蚁前来的。在竹笋外层坚硬的竹鞘上会有一些像泉眼一样能"吐水"的腺点，蚂蚁会前来收集这些植物"吐"出来的水分。这个腺点位于竹笋的最顶端，在竹笋生长过程中一直都存在。

很多的蚂蚁会在竹子上列队行走。上行和下行队伍的蚂蚁，身体上会有一些不同。上行的蚂蚁通常腹部较小，而下行的蚂蚁几乎个个腹部浑圆、饱满，甚至透光。蚂蚁把这些竹子"吐出"的水分带回巢，喂养幼虫。那竹笋为什么会

弓背蚁与竹笋

排出这些"水分"，吸引蚂蚁前来觅食呢？其实竹子吐出的不完全是水，而是"糖水"，竹笋为蚂蚁提供糖分、水分，蚂蚁则为它提供保护，驱赶一些害虫。竹笋与蚂蚁之间就达成了一种默契的共生关系。

在竹笋上通常还能发现半翅目的竹缘蝽。竹缘蝽和我们说的臭屁虫（蝽象）有亲缘关系，受到刺激后会释放臭气驱赶天敌。它的针状口器很特别，分段，可以调节角度，有点像我们现代基建设备中的液压打桩机。只见它站在竹笋上，调整好姿态，将分段的口器对准竹笋，就可以轻松扎破竹笋坚硬的表皮，慢慢享用竹笋的汁液。

猎蝽捕食

竹缘蝽和猎蝽很相似，肉食性的猎蝽是将口器刺入猎物的身体吸食猎物的体液。

若虫期的竹缘蝽，很像蚂蚁，背上穿着一个小马甲，躲在竹鞘里，等长大了它就会在竹笋上活动。它的翅膀和其他昆虫不一样，感觉只长了一半，下半段是透明的。当你进一步靠近观察，就会发现它要么躲在竹笋的后面，要么飞走。但如果你去抓它，它就会动用化学武器对付你，不过还好，它喷出的气味不是非常臭，比荔枝树上的荔枝蝽好很多。

小满节气，广州的夏候鸟家燕到了育雏后期，小燕子大多已出巢练习飞行和捕食。燕子育雏也很有意思，刚开始是幼鸟一众"兄弟姐妹"在围墙、电线上排着队，叽叽喳喳地等候亲鸟的投喂。偶尔它们也拍拍翅膀学习飞翔。也会经常转过头去用喙将尾脂腺分泌物涂抹在羽毛上，使羽毛光润、防水。

几天后等到它们有更强的飞行能力时，就会争抢着飞

竹缘蝽

家燕学飞

向亲鸟，甚至抢夺亲鸟嘴中的食物。亲鸟此时也会有意去锻炼幼鸟的飞行能力，不会那么轻易地让出食物，它们彼此你来我往，场面有时看起来像空战大片。

其实留给家燕雏鸟练习飞行的时间也不多，8月前后它们将进行长途的迁徙，到纬度更低的地方越冬。9月后在市区就很难觅得它们的踪迹，等到第二年雨水节气家燕又陆陆续续回来，在广州育雏，一去一回刚好是一个回归年。

小满观察指引

打卡点

流花湖公园（燕子育雏）
海印桥北（凤凰木）
花都红山村（竹林、竹笋）

小满节气各种竹笋猛长，是观察竹笋生长的好时机。在竹笋上能否找到一些小昆虫？用放大镜和LED灯观察它们的触角、口器、翅膀是否有不同（膜翅目、半翅目）。观察它们的行为，分析它们之间以及它们与竹笋之间的关系。设计表格记录竹笋在小满的生长速度。可在冬至时再去竹林看看，观察有无竹笋以及小动物（注意防蚊，竹笋上的毛触碰后可能引起皮肤轻度过敏）。

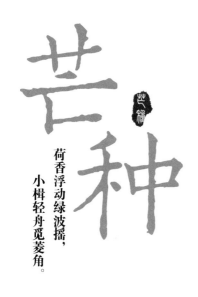

芒种

荷香浮动绿波摇，
小楫轻舟觅菱角。

菱角

芒种节气在端午佳节附近，有时也会与端午节重叠。在21世纪接下来的日子里，两者的重叠还有两次，分别是在2030年和2087年。因为节气是相对固定的，而传统农历节日，比如端午、春节、中秋、重阳等，在公历上的日期都不固定。

关于芒种，宋代陆游在《时雨》中写道："时雨及芒种，四野皆插秧。家家麦饭美，处处菱歌长。"其中菱，是指菱角，而菱角也是广州"泮（pàn）塘五秀"之一。

广州以前在荔湾湖、泮塘路、中山八路一带种植莲藕、菱角、茨菰、马蹄、茭笋，这五种植物并称"泮塘五秀"，也有人戏称是"泮塘五瘦"。这些水生植物练就了在水中生存的本领，其叶和茎或中空，或膨大，可以储存氧气，其中菱角可漂浮在水面。菱角又被称为水花生，它是开花植物，但只见它开花，不见它结的果，原来它像花生一样把果实"藏"起来了，花生把果实"藏"在了土里，而菱角则把果实"藏"在了水下面。菱角有一层黑色坚硬外壳，且带刺，形状有点像牛角，是我见过的最奇特

荷香浮动绿波摇，小楫轻舟觅菱角。

荷花

的果实之一。5月（农历）的菱角，肉色洁白，脆嫩可口。

　　清明前后种下的瓜、豆，在芒种节气开始采摘。在以前交通不便的情况下，这个节气广州人的餐桌往往以青瓜、豆角、茄子等瓜菜为主，常见叶菜有番薯叶、通心菜、苦麦菜等。现在物流发达，全国各地的蔬菜都可以出现在广州人的餐桌上，因此超市的蔬菜货架并不能反映广州的物候。

　　芒种节气是广州观赏荷花的最佳时间。与初春3月时贴水长的新荷不同，这时的荷叶挺出水面1米左右，更大、更立体、更有动感。

　　当有风吹过时，荷花在翠绿的荷叶中若隐若现，别有一番风味，吸引了大量观赏荷花的游客。有许多笔直的荷

荷花第一天开花

荷花第二天开花

花花苞挺立在水面，偶有几朵先冒出头开花的，格外引人注目。

这时的荷塘，可赏荷花，也可观荷叶，更可闻淡淡的荷叶香，以及沁人心脾的荷花香。在广州，荷花是继木棉和洋紫荆后，又一个花期长（到立秋）、"颜值"高的在地自然观察对象。这个时节的荷叶在阳光下显得格外翠绿。但再过一段时间，它就会变成深绿色，透光度会差很多。晴天时，风吹荷叶，绿浪翻卷，层层叠叠，摇曳生姿，颇为迷人。

芒种雨天观荷也别有一番韵味，听雨打荷叶反而让人觉得世界格外寂静，与雨打芭蕉、风入松林的声音一样"治愈"。雨后，挂在花瓣上的滴滴水珠，挂不住了就掉到下面的荷叶上，慢慢积累，荷叶负重不了，就开始摇摆，水珠在荷叶上打转，然后荷叶一弯腰，水珠连成串，要么直插水面，要么就落入下面贴水的荷叶上，转着圈，打着滚，风一吹就悄无声息地与池塘里的水拥抱在一起。遥想起苏东坡的词句："玉盆纤手弄清泉，琼珠碎却圆。"不由得佩服诗人对生活细致的观察力。

芒种节气茉莉花也正开得旺盛。由于《茉莉花》这首歌深入人心，因此大家对茉莉花倍感亲切，它的香气也为绝大部分人所喜爱。宋代江奎诗云"他年我若修花史，列作人间第一香"，足见茉莉花在诗人心中的地位。茉莉花不仅可以做香囊，还可以用于食品加工。最有名的是茉莉花茶，传统的茉莉花茶是将茶叶和茉莉鲜花进行拼和、窨（xūn）制，使茶香与茉莉花香交互融合。制茶完成后，茶农会把茉莉花挑拣去除，并将茶叶置于火上烘热去潮，

荷香浮动绿波摇，小楫轻舟觅菱角。

茉莉花

素馨花

豇豆

冷却后即成茉莉花茶。上好的茉莉花茶里有茉莉的香气却找不到茉莉花的踪迹。海珠区有一座十香园纪念馆（清末著名画家居廉、居巢兄弟的居住、作画及授徒之所），馆内种植了十种香花，其中就包括茉莉花、素馨花。茉莉花原产印度，进入我国后被广泛种植，广州作为口岸，更早了解茉莉花，茉莉花更是替代了长期备受广州人民喜爱的素馨花。

芒种时节，南方地区的农民进入了夏种、夏管、夏收的"三夏"大忙季。清明时节的春耕虽忙，但农田潮湿泥泞，空气中略带寒意，体感还是比较舒适的。芒种时节干农活则通常使人汗流浃背。此时农作物生长迅速，农作物的生产、管理（浇水、施肥、除草、防虫、培土、修剪）必须非常到位。不然稍微偷一下懒，1周时间农田就可能杂草丛生，如果耽误2周，农作物就可能已经埋没在杂草堆里了。

　　看着疯长的杂草，我们不禁会问：为什么杂草总是比蔬菜要长得快，长得好？那是因为杂草是大自然选择的"优秀选手"。我们的农作物虽然也是从野生植物中选育的，但农作物是朝着我们需要的方向进行选育的，比如甜度更高，茎和叶更嫩，可食用部分更多等。人们通过劳动给农作物创造适合生长的条件，保证它们生长所需的光照、温度、水分、肥料，所以农田里的农作物种植品种并不完全适用适者生存的自然法则。而杂草经过长期的自然选择，具有很强的抗旱、抗虫、抗贫瘠能力，且根系发达、繁殖能力强。所以当杂草种子掉到农田里，与农作物的种子在一起时，杂草就会表现出非常强的竞争力。

　　如果去做田野考察，你会发现农田里疯长的杂草居然还分乡土植物和外来入侵植物，而且广州的农田外来入侵植物种类还不少。外来入侵物种是指外来的，经引入后对当地自然生态环境造成危害的物种。外来入侵植物由于适应力强，且缺少天敌，因此繁殖迅速，会挤占本地物种的生存空间，并吸收农田里的水分、肥料使得农作物产量减少。比如广州农田常见开红花的红花酢（cù）浆草，它和我们本土开黄花的黄花酢浆草很像，都是由3个心形的叶片组成，但它叶片更大，也有极个别是由4个心形叶片组成，也就是所谓的幸运四叶草。红花酢浆草在广州不结果，没有种子。不像原生的黄花酢浆草，有"塔状"，且成熟后一旦被触碰就会弹射出大量种子的果实。但是没有种子也不妨碍红花酢浆草的"攻城略地"，到处都可以见到它成片成片地生长，在菜地里更是很难清除干净。它靠地下部分的块茎和鳞茎无性繁殖，是一种极难清除的杂草。

红花酢浆草

为什么农田、果园和荒地的外来入侵植物会比较突出？因为入侵植物更容易在被"破坏"的区域中生长。农作物采收后，土地会被重新翻整，而这些入侵植物就会在此时大展身手，迅速生长并抢占地盘。在植被稳定覆盖的区域如茂密的森林中，外来入侵的物种就很难插足，因为本地物种会"群殴"它们。

芒种时节，早稻基本完成开花，即将进入灌浆阶段。水稻的花非常小，你必须凑近才能看到。水稻在上午10点多，太阳很大的时候开花，所以水稻的人工育种也必须在这时间完成，这也是水稻育种工作非常辛苦的原因。水稻开花时颖壳（谷壳）打开，授粉完毕后颖壳关闭，然后开始灌浆，颖壳会慢慢变得饱满。我们吃的大米始终在颖壳的保护之下。

水稻开花

白腰文鸟与水稻

即使水稻想方设法把种子保护在坚硬的颖壳之中，但还是有很多动物想吃到这营养丰富的种子。斑文鸟和白腰文鸟在闻到稻香后，会成群结队飞往稻田，一直待到水稻收割完才离开。农民常在水稻田放一些稻草人，或在稻田里插上长长的竹竿，在竹竿末端绑一些彩带，用于驱赶这些专门吃稻谷的小家伙。而曾经被认为会和我们争夺粮食而被定性为"四害"之一的麻雀，其实并不在"偷食"谷物的队伍之列，真的好冤枉。斑文鸟和白腰文鸟天生就是吃稻谷的高手，它们的喙短而粗，边缘锐利，像工具箱里的老虎钳。稻谷进到它们嘴里嚼嚼，谷壳就碎了，种子咽下去，谷壳吐出来，却又不是像用暴力打开的，很是神奇。其中的奥妙，还有待我们去发现。

芒种观察指引

芒种是广州观赏荷花的最佳时机。仔细闻闻荷塘的气味，能否分辨荷叶与荷花的香气。记录荷塘有哪些动物出现。观察一朵荷花，记录它开花的过程。第一天早晨荷花打开后会不会闭合，第二天同一朵花打开的姿态和前一天有什么不同，能不能用画笔或者照片把它的变化记录下来。

打卡点

番禺莲花山（荷花）

夏至

龙舟争渡泛青江，
蜂旋蝶舞沐菌香。

北回归线穿越从化和花都。在从化太平镇建有北回归线标志塔。

龙舟水是一种强降水天气过程，因为发生在广州民间进行赛龙舟传统活动的端午节前后，所以俗称龙舟水。

龙舟争渡

夏至太阳直射北回归线，这也是广州一年中日影最短、白昼最长的时候，早上6点前天就亮了，到了晚上7点天还没黑。广州真正开始热起来也是在夏至后，因为初夏时期经常有龙舟水降温。夏至过后，广州就会进入持续两个多月的炎热天气。夏至所在的6月通常也是台风频发的季节。台风带来大量的雨水，同时也给人们的生命和财产带来威胁，但是台风可以让森林发生更替。大树的倒伏为树苗提供了生长的空间，倒伏的大树也像"鲸落"一样，为林中的动物提供了食物和栖身之所。

西方的父亲节一般会在夏至节气前一周以内。父亲节和夏至没有直接的关联，但夏季却给我们一种父亲的感觉。当我们还是孩童时，父亲正值壮年，如一年四季中的夏季，充满活力。父亲节给夏至节气增添了更多的情感。

龙舟争渡泛青江，蜂旋蝶舞沐菌香。

大花紫薇与变色树蜥

夏季或许是孩童时期我们和父亲相处最多的季节，暑假一起游泳、打球、爬山、露营、野餐、观星、看萤火虫。童年很多美好的回忆都发生在夏季。如果你是父亲，请给予你的孩子一个美好的夏天；如果你还是孩子，快与父亲一起到大自然中去玩耍吧！

夏至大花紫薇开得旺盛。大花紫薇是外来引进的树种，在广州市区广泛种植，其生长迅速，树干高大，树形漂亮，花多且大，叶片宽大。大花紫薇在小满时节开花，秋季结实，冬季叶子由黄变红、掉落，果荚裂开，春季枝条重新发芽，一年一个轮回。与它同属的紫薇，无论是植株的大小，还是花朵和叶子的大小，相对于大花紫薇都会更秀气一些。

紫薇

紫薇的最佳花期是在夏末。它是乡土植物，生长比较缓慢，可以盆栽。紫薇有一个别名叫"怕痒痒树"，它的树皮光滑，至于它是不是怕痒，大家可以去试一试。紫薇的花比较小，以粉红色为主；大花紫薇的花大，呈紫色，花期更长。两种紫薇在花期都能吸引大量的昆虫，不过大花紫薇略胜一筹。虽然产地和外形有差异，但它们都是广州为数不多能反映四季变化的植物。

　　流萤仲夏，泛舟江上，珠江上龙舟竞赛，锣鼓号子喧天，龙船花开得正艳。龙船花平时不怎么起眼，但是开花时却很漂亮，且花期特别长，以红色和黄色两种颜色为主，会吸引大量的蝴蝶前来采蜜。

美凤蝶与龙船花

　　夏至的高温和大量降水促使蘑菇大量生长。每年这段时间广州的各大媒体都会劝告大家不要采食野生菌，因误食有毒野生菌类中毒的新闻也会时有出现。

　　蘑菇是独立于动物和植物之外的另一大类生物，它们是由菌丝体结构组成，属于高等真菌。它们没有叶绿素，不能进行光合作用。蘑菇是大自然的分解者，有了它们的存在，大量的朽木和有机质得以分解，新的物质得以重新进入大自然的循环。如果没有它们，物质循环不能形成闭环，地球将会是"尸横遍野"，生态系统会逐渐崩溃。

真菌在木头上的生长也揭示了自然演替的过程。先是真菌从树木根部或表层侵入，然后菌丝逐渐遍布树木，木头中的木质素、纤维素逐渐被分解殆尽，最终归于尘土。

蘑菇在夏至节气会给大家展示各种可爱的形状、漂亮的颜色以及惊人的生长能力。这是夏至中午12点，太阳直射广州时，我在广州路边一棵樟树上拍摄的一种盘菌的照片。照片是逆光拍摄的，在蘑菇的边缘出现一个金色的光圈，很是漂亮。回家后用电脑放大看照片，感觉还有改进的空间，想着第二天换长焦镜头再拍，但第二天再去拍摄时，发现已经干枯，甚为可惜。

菌类的颜色丰富，常见的有白色，但也有色彩鲜艳

盘菌

龙舟争渡泛青江，蜂旋蝶舞沐菌香。

竹荪

紫丁香蘑（"蓝瘦香菇"）

硬皮地星

硬皮地星

的，比如网络流行的"蓝瘦香菇"（学名紫丁香蘑）并不是变了色的香菇（我在流溪河的竹林里的小路旁拍到），又或是黄色的"穿着纱裙"的竹荪。蘑菇的形状和颜色与其物种和生活环境有着密切关系，即使是同一物种在不同的环境下生长也会有所差异。所以，在野外判断蘑菇的种类是一个专业性很强的技术活，奉劝大家不要轻易根据自己的生活经验去判断野外的蘑菇是否可食用。

蘑菇成熟时会释放孢（bāo）子进行繁殖。释放孢子的过程也特别有意思。如果在晚上遇见，可以通过调整手电筒光线，用半逆光照向孢子飘落的后斜方向来观察蘑菇释放孢子的过程。如果没有风的干扰，孢子缓缓飘落，如烟似雾，但又带有色彩，有点像相机高感光度的粒状噪点。也有一些孢子在成熟后需要借助"外力"才能被释放，比如左图是在广州市区树林里拍到的硬皮地星，成熟后在雨水的"打击"下会喷射出黄色的孢子粉。

在广州，有一种大型的蘑菇时常出现在各大自然观察爱好者的微信群中，那就是巨大口蘑。夏至节气雨水充足，气温高，巨大口蘑就会冷不丁地从地下冒出来。由于它体形巨大，所以生长期比较长，大概需要1周的时间才能完全长成。巨大口蘑通常可以长到8寸比萨大小（直径约20厘米），且它们是聚集生长的，因此场面非常震撼。只要地下的菌丝没被破坏，它们每年都会在同一个地点、同一个时段露脸。

讲到蘑菇，大家不由会联想到吃。夏至时广州有一种非常美味的蘑菇上市，那就是荔枝菌，也称夏至菌。荔枝菌非常美味，有鸡腿肉的韧性口感，也有土鸡肉的味道，深受广州食客的喜爱。荔枝菌其实并不是一个物种名，而是一类叫作鸡枞的大型真菌。鸡枞和广州地区常见的白蚁共生，长在白蚁巢上，所以很难人工种植。一般在从化、增城的早市可以看到农民贩卖，但并不是每天都会有，还要看食客的运气。

如果夏至时节你走过一堆树叶、树枝和木头露天堆积的地方，不妨仔细地观察一下。在一些比较新的树枝表面，往往会长出各种颜色鲜艳、体形较小的菌类，如果将它们放大观察，会发现它们像羽毛、像杯子、像火柴。而在一些堆放比较久的木头上，会长出一些大型的真菌，如我们熟悉的木耳、地舌、侧耳等。幸运的话，你或许还能找到"吃蘑菇"的黏

龙舟争渡泛青江，蜂旋蝶舞沐菌香。

巨大口蘑

夏至菌

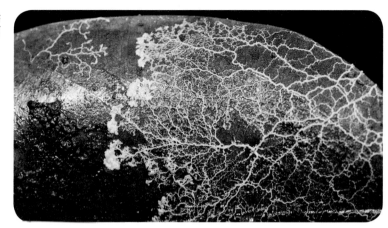

黏菌

菌，它们像融化的黄油，能在木头表面移动，时而聚集，时而发散，目的是寻找其他菌类，并以其他菌类为食。用延时拍摄去观察它们的移动是一件很酷的事情。

与此同时，一些动物也会参与到这场植物给自然最后的馈赠仪式中来，比如泥蜂在夏至的繁殖期会在木头上打洞。在一些堆放时间长、木质开始疏松的木头旁，你可以看到一堆堆新鲜的碎木屑，这很可能是泥蜂所为。

广州有一种捕食食蚜蝇的泥蜂打洞十分有意思。它会

泥蜂打洞
（▲ ▶）

在木头上先垂直往里挖大约1厘米，然后90度拐弯，再挖一个5～6厘米的洞。

洞挖好后，泥蜂就开始去抓食蚜蝇。它先把食蚜蝇麻醉，然后拖进洞里，当抓够5只食蚜蝇后，它就会在其中一只食蚜蝇身上产一枚卵，然后用木屑把洞口封好，防止洞口被蚂蚁等动物发现。等这枚卵孵化出来后就以里面的5只食蚜蝇为食，羽化后再从洞里钻出来。

泥蜂

夏至观察指引

带上放大镜和手电筒，在林间找一处堆放着树枝或枯木的地方，在夏至雨后观察木头是否长蘑菇，能不能记录它的形态。对比"新鲜"的木头和朽木，看各种真菌是否有不同的形态。在木头上有没有看到动物，是八条腿的蜘蛛还是在木头上打洞的泥蜂？观察地面土壤的颜色，翻动土壤，看有没有小动物如鼠妇、马陆等。可以在立冬的时候再来看看这一堆木头（做好防蚊措施，不徒手捕捉小动物）。

打卡点

海珠区江海路（大花紫薇）

增城、从化、萝岗（荔枝丰收）

帽峰山森林公园（昆虫）

小暑

日啖黄皮独忆香，
绿树荫浓夏日长。

骑楼

骑楼是商、住两用建筑，建筑底层沿街面后退，为公众出行留出空间，在马路边相互连接而形成步行长廊，长达几百米甚至上千米，人来人往带来了商机，这也是千年商都的生意秘诀。

小暑在7月初，这时也是国内中小学开始放暑假的时间，气温继续升高，还好时不时会有一场大雨降降温，广州老城区的骑楼和榕树的遮阴作用在此时就突显了出来。小暑节气广州的早稻进入收割期，这也是农民最辛苦的时候，相对于冬季收割水稻，夏季更为辛苦，晾晒稻谷时还要提防着突然而至的暴雨。抢收水稻之后还要抢种，在田里要一直忙碌到立秋。

小暑节气，瓜果飘香。其中就有深受广州人喜爱的黄皮果。黄皮果在广东以外的省份受众很少，很多人甚至没有见过这种水果。广州人注重药食同源，比如荔枝、菠萝、芒果等水果，家长不会让小孩子多吃，因为这些水果"湿热"，但是黄皮果却是个例外。黄皮果酸甜而不腻，

黄皮果

气味芬芳，有芸香科植物特有的香气，同时它也有一定的
药用价值，可润喉、消食、解暑。广州有句谚语："饥
食荔枝，饱食黄皮。"（当然不宜空腹吃荔枝）黄皮果和
荔枝一样保鲜期很短，采摘后两三天内食用味道最佳，
即使是放冰箱内保鲜，三天后口感也大不如前。在广州，
黄皮果除了味美，另有一些寓意，比如其酸酸
的口感，粤语"好酸"这个词语的发音是"好
孙"，寓意子孙满堂，因此很多人家的院子里
也会种植一些黄皮以图个好意头。

菠萝蜜

　　广州也产菠萝蜜，这算是岭南地区个头
最大的水果。新闻曾报道广州有些植物的叶子
掉下来会砸坏汽车，很多人觉得难以置信，但

看到了大王椰子后就相信了。菠萝蜜也绝对有这个实力，可以把汽车的挡风玻璃砸出一个洞。一个菠萝蜜重达20千克，采摘时想把它从高高的树上完整地弄下来也是一件困难的事情。菠萝蜜和榴莲有点像，有一种特殊的气味，喜欢的人趋之若鹜，不喜欢的人避而远之。但菠萝蜜不像榴莲那样需要从国外进口，所以价格很亲民。菠萝蜜与榴莲、木瓜、禾雀花等热带植物都是茎上开花、结果。在热带雨林中，高大的乔木能吸引蝴蝶和蜜蜂帮助授粉，而密林中相对矮小的植物，蜜蜂和蝴蝶无暇光顾，则需要吸引蚂蚁、蝙蝠等在林间活动的动物为它们授粉。这也是一些热带植物在激烈的生存竞争中的另辟蹊径。

木瓜

广州地区的苹婆果在小暑也到了成熟期。成熟的苹婆果果荚已经裂开，红红的果荚包裹着黑色的种子，像一只只漂亮的眼睛，所以又被称作凤眼果。苹婆果除了好看，果仁的味道也非常不错。把成熟的苹婆果采摘下来（青色果荚中未打开的果仁煮熟后是苦涩的），剥去果仁外的坚

苹婆果

果基鱼塘

硬外种皮，果仁蒸熟后吃起来非常香甜，风味像板栗，却更有糯性，也可以配上鸡肉和排骨做成美味的菜肴。在物资匮乏的年代，到苹婆树下采摘苹婆果成为很多广州人关于夏天美好的回忆。

岭南地区种植水果有着悠久的历史，也培育出了享誉中外的品种。广州市区有一片土地出产的水果非常有名，这片区域现为海珠国家湿地公园，这里出产的荔枝、龙眼、黄皮、杨桃、番石榴很受欢迎。在长久的劳作中，当地农民也创造出了驰名中外的农业模式——果基鱼塘，即在鱼塘周围种植果树，用鱼的排泄物和塘底的塘泥做果树的基肥，是鱼与果兼得的一种利用生物链进行良性循环的模式。珠三角地区的桑基鱼塘、蔗基鱼塘、果基鱼塘被联合国推介为典型的生态循环农业模式，这些是岭南农业的骄傲。

土沉香种子和胡蜂组图

土沉香种子
和胡蜂

　　放养中华蜜蜂的蜂农会在小暑、大暑期间进行采蜜。这时的蜂房已经封盖，水分少，是熟蜜，蜂房内幼虫少。中华蜜蜂在春季采集的花蜜水分多，工蜂通过扇动翅膀使蜜中的水分慢慢蒸发，水分降到最低后，工蜂会分泌蜂蜡把蜂蜜盖蜡封存。如果等大暑后农忙结束再去采集，蜂巢内大量的蜂蜜可能会被蜜蜂的天敌胡蜂抢走。

　　小暑节气土沉香树的种子开始成熟、破裂。土沉香的种子裂开后不会直接掉到地面，而是由两根丝吊着，这一结构非常精妙。种子吊在空中是为了等待一次免费的"空中旅行"，而带它们飞的就是胡蜂。当土沉香的种子成熟，准备开裂，胡蜂们就已经早早来到土沉香树周围等候。土沉香的果实一"炸开"，它们就会上前抢夺，甚至相互之间大打出手。土沉香的果实，一般包含两粒种子及附属油脂体。当进入成熟期后，两瓣果荚会纵向开裂，并

释放出两粒种子。但两粒种子及油脂体并不会直接掉落地面，而是通过细长的丝线结构与果荚中部相连，悬垂在空中，犹如一对漂亮的耳坠。胡蜂非常爱吃土沉香种子的附属油脂体。为了独占，胡蜂会咬断附在上面的丝线结构，把种子叼走。吃干净上面的油脂体后，胡蜂便会丢弃坚硬的种子，种子的传播也在此时完成。

　　一方面胡蜂获得了食物，另一方面土沉香的种子得到一张免费机票，可以快速散播。两者互惠互利的合作看似巧合，却是长期协同进化的结果。为了更好地传宗接代，土沉香可谓"煞费苦心"。土沉香种子成熟的时间正是胡蜂种群大量繁殖之时，果荚散发出的味道恰似鳞翅目幼虫的气味，这是胡蜂最喜欢的食物，加上美味的油脂体，更加让胡蜂难以抗拒。为了饱餐一顿，胡蜂甚至可以把土沉香的种子带离母树数百米之远。

虽然有了这种长期协同进化的精彩表演，但我们还是极难在野外遇见土沉香树。沉香居我国四大名香之首。当土沉香树在生长过程中遭遇虫咬、受伤或雷劈等时，伤口会分泌树脂，之后受到真菌感染结成伤疤，日积月累形成的瘤状瘢痕被称为沉香。沉香能沉于水，比水的密度大，闻之有奇香，是非常名贵的木材。然而千年来无节制的采伐让土沉香树在野外几乎绝迹。

夏季是爬行动物的繁殖季，广州郊野常有人目击滑鼠蛇的雄蛇"打架"的情形，它们会紧紧缠绕在一起，蛇头互相压制。很多人会误认为是交配行为，其实是两条公蛇在一较高下，失败者被"打败"后会迅速离开。它们之间的较量点到即止，并不会用牙齿去伤害对方。除了蛇，夏

雄性变色树蜥

100

季也是变色树蜥的繁殖季。雄性变色树蜥在这个季节会变得"满脸"通红。除了体内激素的作用，变色树蜥还会利用一些"物理"方法去增效，比如它会爬上树干，然后在树干上原地掉头，头朝下，尾巴朝上，四肢抓着树干，倒立着在树干上做"俯卧撑"，慢慢地它的头部开始变红，最后变成血色般的鲜红。有点像我们玩倒立使得头部充血的场景。当变脸成功后，变色树蜥就站在显眼的位置炫耀自己是这一带最靓的"仔"，以吸引雌性变色树蜥与它交配。雌性变色树蜥会在松软的土中挖洞产卵，利用夏季的高温使受精卵孵化。

海珠国家湿地公园高畦深沟

小暑观察指引

海珠高畦深沟传统农业系统入选第六批中国重要农业文化遗产候选项目名单。高畦深沟传统农业系统是充分利用高温多雨、地处珠江弱潮河口、水网密布的自然条件创造的一类极具珠江三角洲地域特色的农业生产系统。正值岭南佳果成熟时节，到海珠国家湿地公园或周边珠三角水乡了解果基鱼塘、桑基鱼塘以及高畦深沟农业系统。

打卡点

广州动物园（动物园奇妙夜）
从化阿婆六村（星空）
大吉沙、增城朱村（早稻收割）
从化（从城甜黄皮）
海珠国家湿地公园（果基鱼塘、高畦深沟农业）

大暑

蜻蜓纷飞龙眼熟，
烹茶调羹消溽暑

大暑是广州一年中最热的日子，也是暴雨多发的日子，俗话说"大暑、小暑灌死老鼠"。夏天的广州在国人的印象中非常热，但从未出现在火炉城市的名单中。据中国气象网的资料显示，广州七八月的日均最高温度比重庆低，甚至比同在广东省内的韶关还低。这得益于广州地势平坦，植被丰富，有海风调节，水网密集，蒸发时水汽吸热多，加上雷雨多，故七八月反不觉酷热。大暑节气，广州人喜欢用煲汤来解暑，常用的汤料是鸭子配冬瓜、薏苡仁，或者猪骨配冬瓜、木棉花。

大暑

蜻蜓纷飞龙眼熟，烹茶调羹消溽暑。

龙眼鸡

橡胶木犀金龟

橡胶木犀金龟

大暑时广州龙眼大量上市，龙眼同样存在着保鲜的难题，但可以把它做成干品储存，味道也不错，常用来搭配果茶。说到龙眼，广州有两种昆虫和龙眼相关：龙眼鸡和橡胶木犀金龟。龙眼鸡是同翅目蜡蝉科的昆虫，以吸食树液为生。它有一个长长的红色"鼻子"，前翅底色为绿色，有黄色网状脉纹，在阳光下发出金属光泽；后翅（飞起后可见）是鲜艳的黄色。龙眼鸡平时贴在龙眼树上，很少挪动，但你想去抓它却不容易，因为它的复眼可厉害了，它可以通过复眼准确判断你的移动速度，同时它的后腿有蜡蝉家族强劲的弹跳能力，所以在你手掌能按住它之前，它已经像飞行员用弹射器逃生一样，瞬间弹跳离开了树干。

橡胶木犀金龟出现的时间刚好是龙眼的成熟期，它的成虫期集中在7—8月，等龙眼采摘完毕，就难觅其踪迹了。橡胶木犀金龟特别喜欢吃甜度高的龙眼，也是吃龙眼的高手。得益于广州地区大量种植龙眼，橡胶木犀金龟成为广州市区难得一见的大型甲虫。

在夜间橡胶木犀金龟经常被灯光吸引，飞入房间，或者在路灯下"打转"。它看起来很"憨厚"，但足末端有钩，且强壮，抱握非常有力，一旦你把它放在手上，它会紧紧抱住你的手指，如果你驱赶它，它会发出"吱吱吱"的声音。但不用担心，它不会咬你，只要你在它屁股后面轻轻地碰一碰，它就会往前移动，像赶鸭子一样，把它"赶"到你想要它去到的地方。千万不要在它紧紧抱握你的手指时强行拉开，这么做，你的皮肤很可能会被钩破。正是这强有力的足，使它可以轻易地扒开龙眼果坚硬的外壳，吃到里面的果肉。

构树果实

构树的雌树在大暑节气挂满了红艳艳的果实，像硕大的杨梅，非常诱人。但果实的口感其实并不好，而且很招小虫子。构树是一种先锋树种，在广州非常常见，在两栋建筑的缝隙，或在一些被丢荒的土地、城市边缘道路两旁经常能见到。构树长得非常快，通常一年时间就可以达到3米以上，几年后就会长成大树。构树比较特别的一点是其为雌雄异株。当你看到有果子的树，那个就是雌树，雄树没有果子。雌雄异株的它们靠风来传播花粉。当然，它们之所以能"攻城略地"抢占大量的地盘，还有赖于鸟儿的帮助。红色的果子吸引了大量的鸟儿前来取食，然后种子通过鸟的粪便被投放到任意的地点，只要能扎根就能长出构树的树苗。

在大暑节气，广州庭院广泛种植的罗汉松（广州有句谚语："家有罗汉松，一世唔使穷。"）的果实成熟了。成熟的果实呈紫色，有一些果实的一个种托上有两粒种

蜻蜓纷飞龙眼熟，烹茶调羹消溽暑。

罗汉松果实

子，让它看上去有点像米奇老鼠的头像。罗汉松的肉质种托可以食用，但要注意种子是有毒的。种托刚吃上去有一点甜，滑滑的，吃完后口中有些涩。如果成熟时没有被鸟儿吃掉，罗汉松的种子会在种托上生根，立秋后掉下来可以迅速长成小树苗，有点像"胎生"的红树。

大暑节气，孩子们最喜欢的是亲水活动。玩水既契合小孩的天性，也符合广州水乡的特点。广州水网密布，湿地众多，同时也是稻作农业区，鱼类和水生昆虫种类丰富。大暑节气，不得不提遍布广州所有的溪流、湖泊的水生昆虫——蜻蜓。广州的蜻蜓在这时的种类和数量最多。蜻蜓是肉食性的昆虫，大量蜻蜓的出现，也可证明当地的昆虫数量庞大。

蜻蜓稚虫

蜻蜓是典型的"不完全变态"昆虫，一生经历卵、稚虫、成虫三个阶段。其中卵在水中孵化，稚虫在水里生活，稚虫上岸后羽化为成虫。如果水体被污染，蜻蜓的稚虫将失去栖息地。因此蜻蜓可以作为环境质量的指示物种，种类和数量的多少可以直接反映当地水资源和水质状况。

斑丽翅蜻

106

豆娘产卵

蜻蜓纷飞龙眼熟，烹茶调羹消溽暑。

一般我们说的蜻蜓是一个统称，分为差翅亚目和束翅亚目。差翅亚目是俗称的蜻蜓，体形较大，停歇时翅膀平展，前翅和后翅的形状和翅脉不同，两复眼距离近；束翅亚目，俗称豆娘，休息时翅合拢束于背上方，前翅与后翅的形状和翅脉基本相同，两只复眼分开，身体细长且软弱。

蜻蜓靠扇动四片薄薄透明的翅膀就能在空中悬停或上下随意地飞行，飞行中不时加速、变向以捕捉天空中的飞虫为食，在求偶时它们的炫技动作会更多，比如悬停对峙、冲撞、格斗等。

蜻蜓产卵

2020年大暑节气，我在每天必经的路段发现了蜻蜓的一种奇怪行为：它们竟然在路边的露天篮球场产卵。当时工人正在球场刷油漆，打算将原来的水泥场地改造成塑胶场地。

第一次观察时球场还有一点点积水，之后的几天都是大太阳，然而蜻蜓们还不辞辛苦地在滚烫的球场产卵，夫妻来来回回地把自己的宝宝放在滚烫的地面上。估计蜻蜓到死也想不明白为什么做了无用功。

蜻蜓迷失在刷漆的篮球场

接下来的几天球场一直在不停地一层一层刷油漆，吸引了大量的蜻蜓聚集，在刷最后一层厚油漆时，由于油漆黏性大，当蜻蜓贴着地面产卵时，一旦碰到了油漆，就会"坠落"，被困身亡，惨不忍睹。有些蜻蜓在油漆上拼命挣扎，最后像一座雕塑一般凝固在了这片绿色的球场上。有一些雌性的蜻蜓在生命的最后阶段会把卵产出来，以求在生命的最后时刻完成延续种群的使命。还有一些蜻蜓被粘住后又被胡蜂啃食，剩下一些残肢断臂，很是惨烈。

蜻蜓为什么会迷失在这个地方，甚至付出生命的代价？这和蜻蜓的生活习性有关。蜻蜓是通过物体反射的水平偏振光来寻找水源的。平整、光滑、深颜色的油漆面水平偏振光比水面更强，蜻蜓因此误认油漆面是水面，且水深，适合蜻蜓稚虫的生长，所以大量的蜻蜓会聚集于此。

不仅仅是刷油漆的时候会对蜻蜓造成影响，在球场建好后的这些年里，每到夏、秋季都会有大量的蜻蜓聚集在塑胶球场上产卵。

施工时大量蜻蜓粘在球场，它们徒劳无功，年复一年在塑胶球场产卵，让我心里很不好受。这个案例说明我们的工程可能会影响动物的生存。希望大家在欣赏大自然的美好的同时，形成自然保护的意识，保护大自然的每一个物种。也希望在建设大型工程时，能够更加重视环境对周遭物种的影响，事前做好评估。

大暑是夏天的最后一个节气，在7月末。8月以后北方的天气会发生较大的变化，比如气温下降、降水量减少明显；而在广州，气温和降水量并没有多大的改变，但一些微妙的变化正在发生，如白天慢慢变短，有的植物叶子渐黄，立秋后树林里可以听到种子掉落的声音。

大暑观察指引

🚩打卡点

流花湖公园（紫薇）
南昆山（蜻蜓）
海珠国家湿地公园（蜻蜓）

大暑节气是亲水好时机。从化、增城、花都山区的溪流清澈见底，物种丰富。带小网捞取水中的小动物放入观察瓶中，观察它们是怎样运动的。拿起水中的石头，看看石头上是否有小动物活动过的痕迹。尝试用图画和文字描绘它们，观察后把小动物放回水中（注意安全，防止溺水，未成年人必须有成年人陪同）。

大
暑

蜻蜓纷飞龙眼熟，烹茶调羹消溽暑。

109

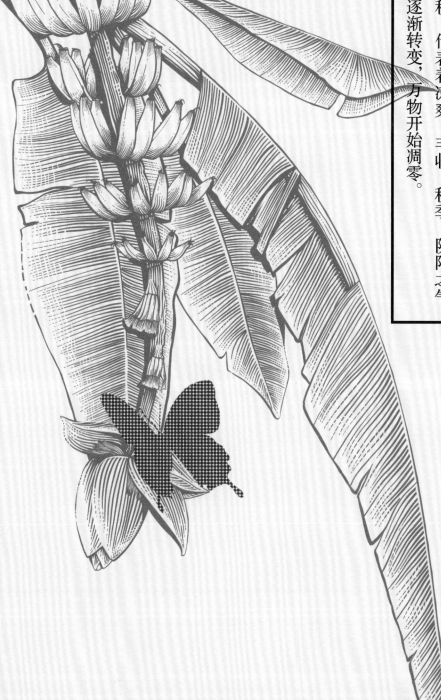

秋

秋，代表着凉爽、丰收。秋季，阴阳之气逐渐转变，万物开始凋零。

立秋 处暑
白露 秋分
寒露 霜降

○ 节气 重点介绍内容

立秋 —— 马蜂, 胡蜂, 寄生蜂,
　　　　蛛蜂, 泥蜂
处暑 —— 萱草, 蒲葵和果蝠
白露 —— 蝴蝶, 食蚜蝇
秋分 —— 蛇
寒露 —— 芭蕉
霜降 —— 蜘蛛

很多人认为广州没有四季，长年如夏，但只要多去户外走一走、看一看，留心一下身边的变化，就会发现秋天的线索。

　　广州的初秋和夏末的界限不明显，白天气温仍然很高，但自然界还是有它自己的节奏。它在悄悄地改变，如空气慢慢变得干燥，云层渐渐变高，天空变得通透，晚霞变得火红火红，早晨的草地多了露珠，昼夜温差越来越大。

　　9月之后，荷塘里的荷叶开始枯黄、凋零，慢慢进入蛰伏期；壳斗科的植物挂满果实，10月后就可以尝到第一批新鲜的板栗了。与安静的植物不同，大部分直翅目的昆虫在秋季显得格外热闹，各种鸣虫从晚上一直叫到天明，给秋日平添了不少生机与活力。肉食性蜂类如马蜂、胡蜂在秋季数量达到鼎盛，各种蜂巢大得惊人，但再往后蜂巢的规模不会再扩大，直到冬季后废弃。而在秋分时节，蛇类的活动也频繁。

　　秋季也是鸟类的"换岗"时间节点。随着气温降低，冬候鸟陆陆续续来到广州，观鸟爱好者慢慢兴奋起来，"鸟荒"就要结束了。

立秋

云天依旧夏色，
七月尽显蜂芒。

芝麻

立秋节气在8月初，正是学生暑假的中段，白天依旧炎热，季节的转变往往会被忽略。8月的降雨量没有因立秋而突然减少，但雨势逐渐温柔，经常在下午下雨，有一雨入秋的意味。虽然立秋后总体气温会慢慢转低，但直到白露节气才会有一点秋凉的感觉。立秋时节空气中的湿度开始慢慢降低，昼夜温差逐渐拉大，日照时间渐渐变短，秋熟的作物开始收成了，如花生、芝麻、番薯、葡萄等。广州地区的菜农也开始为种植叶菜做准备。

立秋时节，广州地区的昆虫进入鼎盛时期，是立夏后的又一次高峰。大量的昆虫"脱胎换骨"，插上翅膀，飞向天空，在求偶产卵后死去，到立冬节气后昆虫密度开始锐减。

广州有句谚语：七月蜂，八月蛇。七月蜂，是指农历七月在野外要小心各种蜂，避免触碰蜂巢。广州地区蜂的种类繁多，这也是广州地区生物多样性的体现，常见的有蜜蜂、马蜂、胡蜂、寄生蜂、泥蜂、蛛蜂等几大类别。大型肉食性胡蜂和马蜂从春季开始由蜂王以一己之力建立"王朝"，经过夏季大量的繁殖，蜂的数量越来越多，蜂巢也越来越大，有的胡蜂巢穴体积甚至和30升的桶装水大小相仿。

胡蜂幼虫

胡蜂羽化

胡蜂成虫

果马蜂蜂巢   胡蜂蜂巢

胡蜂和马蜂的蜂巢是用植物的碎屑、树脂混合唾液制作而成的"纸质"巢。但外形上两种蜂的蜂巢有些不同，马蜂蜂巢呈开放式，像倒挂的莲蓬；而胡蜂蜂巢呈球状，有外壳，全封闭式，只有一个或少量出口。

棕马蜂是马蜂的一种，其蜂巢通常吊在树枝或者建筑物下面，单层结构，开口朝向地面。这种结构易于清理和打扫，棕马蜂吃剩的食物不会残留在蜂巢内，仔细观察，你会发现蜂巢下的地面上通常会有昆虫的残肢碎屑。

胡蜂蜂巢的形象常见于儿童动画片里，通常里面还有熊垂涎蜂蜜的场景。这导致很多人一见到球状的胡蜂蜂巢，第一反应就是里面藏有很多蜂蜜。但其实胡蜂蜂巢里并没有蜂蜜，因为胡蜂是肉食性的昆虫，不采集花粉，也不储存蜂蜜。

胡蜂蜂巢有一个"虎纹"状的外壳，可以起到保护和保温的作用，防止幼虫被风吹、日晒和雨淋。蜂巢内有若干层的巢脾，巢脾由一个个平行六边形的巢室组成。仔细观察胡蜂蜂巢，你禁不住会为胡蜂高超的

雄性棕马蜂

建筑技艺所折服。从惊蛰时乒乓球般大小，到立秋时长成篮球般大，蜂巢都由"虎纹"状的外壳包裹着，那胡蜂是如何扩大它的家的呢？

胡蜂会先在蜂巢外壳的外层扩建"外室"，当这个"外室"建好后，里层就会被打通，蜂巢内的空间就会增大。有点像我们小时候玩肥皂泡泡，小的泡泡黏附在大泡泡外围，它们之间的阻隔打通后，就变成一个更大的泡泡。"施工"的过程全程"围蔽"，和我们现代工程的施工要求相仿。

胡蜂巢"虎纹"状的外壳

广州地区常见的小型异腹胡蜂的巢是开放式的，呈片状，巢脾垂直向下。异腹胡蜂个体较小，攻击力不强，它们喜欢在灌木丛里筑巢，这样不容易被发现。

某异腹胡蜂巢　　　　　　叉胸侧异腹胡蜂

胡蜂和马蜂都是肉食性的昆虫，它们能用大颚和毒刺非常迅速地杀死猎物，然后咬碎，但不见它们吞食猎物，而是把猎物做成一个"肉丸子"叼着飞走，带回去喂幼虫。幼虫进食后会"吐"出一些液体，这时成蜂会过去把这些液体"吸"入体内。这是因为成蜂不能直接消化食物，幼虫在进食的同时，也要投喂成蜂。这是一种紧密的社会关系，谁也离不开谁，所以胡蜂、马蜂都会全力保护着蜂巢。

从生物多样性的角度来看，胡蜂和马蜂是肉食性昆虫，会捉鳞翅目昆虫，可以减少森林虫害，维持生态的平

棕马蜂喂幼虫

果马蜂

衡。肉食性蜂类除了猎杀昆虫之外，有时也会以被车压死的小动物，以及一些不明死因的动物尸体为食物，所以食用野蜂既不卫生也不安全。

　　胡蜂的幼虫是群贪吃的小家伙，长得白白胖胖，当它们肚子饿时，会用头部去磕巢室边缘，发出声音乞求食物。同时这群白白胖胖的家伙们只吃不"拉"，和传说中的貔貅（pí xiū）倒是很相似。这是因为排便对它们来说是一件非常困难的事，早期它们是固定在巢室里面的，于是索性就不"拉"，把幼虫期产生的废物存在身体内一起"打包"。当幼虫期结束时，它们会吐丝把巢室封住，直到羽化后再出来。同时整个幼虫期产生的废弃物以及蜕下的皮会留在巢室，随后被工蜂清理掉（蜜蜂、马蜂也是如此）。

胡蜂幼虫

　　因为害怕蜂的螫（shì）刺，人们大多会对蜂敬而远之，所以对其了解甚少，甚至存在误解。其实胡蜂和马蜂

119

寄生蜂寄生尺蠖(huò)

并不可怕，通常它们只有在蜂巢受到威胁的情况下才会发起攻击，个体在外觅食的蜂攻击性很低。只要不太靠近蜂巢以及在蜂巢下吸烟、野炊、摇动有蜂巢的树，或者去捅蜂窝、捕捉野蜂，就可避免被蜂攻击。在野外时，建议你戴一顶帽子，除了可以防晒之外，也可以避免在不知情的情况下进入蜂的领地，防范蜂对头部的攻击。

除了以上介绍的马蜂和胡蜂，广州地区寄生蜂的种类也非常多，数量非常庞大。在长期的演化过程中，寄生蜂练就了各种独门绝技，比如有些寄生蜂把卵产进鳞翅目昆虫幼虫体内，靠寄主的营养为生，最后再把寄主杀死，是个"杀虫不见血"的狠角色。还有一些种类的寄生蜂寄生在寄主的蛹内，甚至有体形更小的寄生蜂寄生在某些昆虫的卵里，真是各出奇招。

寄生蜂

寄生蜂寄生蚜虫

蛛蜂猎杀蜘蛛

　　寄生蜂的卵、幼虫，不仅能躲过寄主免疫系统的排斥，更为奇特的是，寄生蜂幼虫还可以控制寄主的生长发育。被寄生的寄主通常非常能吃，而且看上去很健康。等寄主长到一定阶段，体内的寄生蜂才会迅速生长。有些种类的寄生蜂会从寄主体内钻出然后羽化，有些种类则在寄主体内直接羽化。

　　广州还有一种非常有意思的蜂——蛛蜂科的蛛蜂。顾名思义，这是专门吃蜘蛛的蜂。蛛蜂为了对付蜘蛛这种能布天罗地网的狠角色，练就了一种本领——飞针夺命。我曾目睹蛛蜂扑向水边的蜘蛛，对着蜘蛛背部扎了一针。也许那只蛛蜂是个新手，这针扎得不够精准，又或是蜘蛛闪避得及时，没有被扎中要害，受伤后的蜘蛛迅速跳到水里，钻入水底的杂草中躲过一劫。

　　如果蜘蛛被蛛蜂的"夺命飞针"扎中要害，身体就会瘫痪，任由蛛蜂摆布。其过程通常也相当惨烈，有一些蜘蛛因为体形太大，在被搬运前会被卸掉长腿，有一些即使保全了身体也会被蛛蜂运回巢穴，被蛛蜂的幼虫一口口地吃掉。

泥蜂挖洞

泥蜂，也是非常有趣的蜂类。泥蜂通常以沙地作为它们的育儿场所。它们会不辞辛苦地去挖洞。挖松的沙子和土，会被它们用前肢抱着或者用嘴咬着倒退着拉出洞口，堆在离洞口10厘米左右的地方，然后泥蜂会用后肢往后蹬，踢土，把沙土弹射出去。沙土会在洞口不远处形成放射状的排列。

深挖洞为的是广积粮，立秋后，泥蜂要开始准备育儿的食物了。而这些食物是一些活的昆虫。原来，泥蜂和蛛蜂一样，用毒刺麻醉猎物。猎物被麻醉后并没有死亡，仔细观察，偶尔还能看到这些猎物抽动一下。一片沙地只要人为干扰较少，且下雨不会积水，那么在立秋时节就可以观察到泥蜂和它们挖坑育雏的场景。

还有一些泥蜂种类如蜾蠃（guǒ luǒ），会制作"陶罐"。我曾在广州街头的一座骑楼背阴处的墙面上，看见一包包黄黄的泥土，这并不是哪个调皮孩子扔在墙上的泥巴团，而是蜾蠃的"育儿室"。蜾蠃做这个"育儿室"也是费尽心机，它们会先找到一些泥土，在泥土上吐一些

泥蜂挖洞

泥蜂抓螽斯

"唾液"，然后用口器去咬土块，等唾液和泥土充分混合后，把湿土搓成小泥丸子，然后带着泥丸飞到筑巢地点，把泥丸子做成条状，一点点地"围成"一个穹顶状的"陶罐"，"陶罐"的顶部缩小到只能放鳞翅目的幼虫进去。陶罐的外侧还有一定的外翻弧度，以防蚂蚁等其他掠食者的进入。

诗经云："螟蛉（míng líng）有子，蜾蠃负之。"螟蛉泛指多种鳞翅目昆虫的幼虫，而蜾蠃是寄生蜂。古人认为蜾蠃无子，收养螟蛉为子。其实蜾蠃是用螟蛉的幼虫来喂养自己的幼虫。当"陶罐"内食物数量足够时，蜾蠃就会在里面产卵，用泥巴把整个"陶罐"封住。幼虫会在"陶罐"内发育，以螟蛉的幼虫为食。

蜾蠃挖泥（▲▼）

蜾蠃挖泥

立秋观察指引

广州立秋不见秋，按我国的入秋标准，广州入秋要到11月，秋意浓时要到12月底。立秋后广州地区农事正忙，一派丰收的景象，早稻收成，龙眼丰收。增城的丝苗米稻田、黄埔大吉沙袁隆平稻田里的水稻成熟，从化、增城果园里的龙眼也正是收成的时候，到广州的田间、果园感受秋天收获的喜悦。

打卡点

海珠国家湿地公园（石硖龙眼）

处暑

寥寥秋尚远，
彼岸花正香。

生蚝

所谓"处"，有结束的意思，代表着暑气的结束。但8月底广州的气温依旧如夏。理想很美好，而现实却是高温依旧，而且暑假也快要结束，所以广州的处暑应该理解为暑假快结束了。这时，为期3个月左右的伏季休渔期也要结束了。伏季休渔期是我国保护渔业资源的一种制度，禁止在鱼类生长和繁殖的黄金时间进行捕捞，防止因过度捕捞而造成海洋生物种群数量的急剧下降，给鱼类充足的繁殖和生长时间，使海洋渔业资源得到休养生息。处暑过后广州市场上海鲜的品种更多，价格更便宜，喜欢海鲜的老广们可以尽情享用大海的馈赠。

休渔期结束后，广州的海鲜市场十分繁忙。来自广州周边海域如阳江、湛江的鱼、虾、贝类等源源不断地进入广州，在中秋时节达到高峰，黄沙水产市场甚至会被采购

蟹

海鲜的广州市民围个水泄不通。吃海鲜是广州饮食文化的一部分。广州人吃海鲜讲究生猛，也就是从水里捞上来还是活蹦乱跳的，即使是冰鲜也不算是海鲜，所以海鲜市场中新鲜程度不同的鱼虾价格相差巨大。广州有一句话叫作"海鲜价"，是指根据自由市场海鲜的供求关系而随时改变价格，比喻价格灵活。海鲜的做法一般是白灼和清蒸，可最大限度地体现食材本身的口感。姜葱炒和椒盐等做法也颇受欢迎。

处暑节气，更多秋天的信号开始传递给植物，花都地区山里的黄杞种子在这时开始成熟，陆续飘落。黄杞的种子有一个三叉戟一样的小"翅膀"，黄色的种子位于三个翅翼的连接处。当它从高高的树顶掉落之时会不停地旋转，通过旋转减缓下降的速度，如果此时有风的助力，它

黄杞种子

将飞到新的地方发芽，最后长成大树。如果是掉落在母树树冠下，它将会长期生活在高大的母树"阴影"下。植物无法行动，缺乏主动趋利避害的能力，但是事实表明它们也是充满生存智慧的。

百合科的萱草，也叫忘忧草，处暑时节正值花期。萱草在中国古代是母亲的象征，地位等同于西方文化中母亲节的代表康乃馨。有一个成语叫"椿萱并茂"，出自《庄子·逍遥游》，意喻父母都健康长寿，高大的香椿象征父亲，萱草则代表母亲。萱草的形象在古代文学作品、建筑雕塑、绘画作品中都有出现。

对萱草的记载最早出自《诗经》："焉得谖（xuān）草，言树之背。愿言思伯，使我心痗（mèi）。" 讲一位独守家中的女子思念在外征战的丈夫，于是在庭院树后种植萱草，希望能通过这种方式来排解忧愁。到了唐朝，又延伸出亲情的意象，孟郊有诗云："萱草生堂阶，游子行天涯，慈亲倚堂门，不见萱草花。"

此后，出远门前在母亲居住的门前种些"忘忧"的萱草，以免老人家因思念自己而伤心，便成了游子报答母恩的一项善举。因此，萱堂被后人用来指代母亲的居室，并逐渐演变成了母亲的一种雅称。萱草还有一个大家很熟悉的名字——黄花菜。它的花含秋水仙碱，就是生物课本中诱导变异的化学物质，这种物质有毒，因此黄花菜不能直接生食，需采摘后经过蒸煮或晾晒制成干品后食用。

萱草

在华南国家植物园、从化地区，石蒜科的红花石蒜（俗名曼珠沙华、彼岸花）也在这个时候开花。这种深红色的花特别有意思，它们有花的时候没有叶子，有叶子的时候没有花，花叶永不相见。具有开花彼岸，只见花不见叶，生生相错的寓意，因此得名彼岸花。当你遇见它们的时候，说明处暑到了，暑假也快要结束了。

处暑节气也是昙花和霸王花（仙人掌科量天尺的花）的花期，但它们只在晚上开放，且香气袭人。昙花一般只用于观赏，而霸王花晒干后是珠三角地区非常受欢迎的一种煲汤食材。

处暑我们可以去观察蒲葵。蒲葵在广州的公园、小区很是常见。蒲葵除了用于城市绿化之外，也走进了广州人的日常生活，或许你的童年里整个夏天都有它的叶子相伴。蒲葵的树冠不大，根系不发达，甚至可以靠近房子种植，它的叶子相对于其他的植物可以用"巨大"来形容。蒲葵的树冠小，可以减少蒸腾面积，适应干旱、缺水的环境，同时它的树干可以长得更细长更高，像举着一把加长的伞以获取更多的阳光。蒲葵的叶子能顺风折叠，这样可减少迎风面积，防止叶子被大风吹断，避免在台风季节被吹倒；叶子的正面革质有导水槽，具有滴水叶尖，可以迅速地排水，避免积水过重，也可以防止叶面长苔藓和真菌。这些都是植物生存智慧的体现。蒲葵杆

寥寥秋尚远，彼岸花正香。

红花石蒜

霸王花

茎富有弹性，耐腐蚀，是珠三角乡间独木桥的好材料。蒲葵满身都是宝，可以剥取棕皮纤维，做绳索，编蓑衣、床垫、地毡，制扫把等，是非常耐用的可再生材料。以它的嫩叶做成的扇子，在空调尚未普及的年代，是广州乃至整个岭南地区居家必备的降暑神器。炎炎夏日，老人手中摇晃着蒲扇，为孙辈们消暑、驱赶蚊虫。一片普普通通的树叶，却饱含着浓浓的深情与爱意。

蒲葵果实

蒲葵的果实也很特别，秋季成熟时会吸引大量的鸟类，通过鸟类的觅食传播到远方。乌鸫和白头鹎等喜欢啃食蒲葵果的外种皮，但是咬不破蒲葵种子坚硬的外壳。它们的种子像橄榄核，但外表皮比较光滑。在坚固的外表下，隐藏着一个小洞，这个洞是为胚芽萌发做准备用的。

蒲葵种子

同时，蒲葵也为一种哺乳动物提供庇护。蒲葵的大叶子是广州常见几种果蝠的"家"。通常蒲葵叶子是展开的，像我们撑开的手掌。但如果你发现其中有一些叶子下

蒲葵

蒲葵与果蝠

方的叶脉有一圈咬痕（一定是绿色的蒲葵叶，不是干枯了变黄色但还挂在树干上的蒲葵叶），蒲葵叶沿着这一圈咬痕外围耷拉下来，此时叶子形状有点像我们的手掌去罩住一些东西的样子，那便是果蝠的家。经过果蝠精心设计和巧妙施工，宽大的蒲葵叶既可防雨，又可挡风保暖。

　　不过这样的叶子下面也不一定会有果蝠，因为通常它们会建很多个窝。如果碰巧里面有一团团毛茸茸、倒吊着的小家伙，那就是果蝠了。果蝠的身体有着特殊的结构，能够防止血液集中在脑部造成脑充血，所以可以长期这样倒吊着。

果蝠

蒲葵叶可以为果蝠遮风避雨，同时果蝠也利用了天空和叶背亮度的反差创造了非常好的隐蔽家园。它们躲在高处经过"折叠"的蒲葵树叶较黑暗的背面，白天我们是逆着光从下往上看，观察它们比较困难，但它们看我们却是一清二楚，通常在进行夜观时用手电筒观察它们会更容易。

我一直很好奇倒吊着的果蝠是怎么解决类似我们人类的"三急"问题的。难道它们是在飞行中解决的吗？每次有这种需求的时候，都飞到空中，制造飞"翔"？直到有一次我看到了一只果蝠，慢慢离开同伴，爬到了蒲葵叶的边缘，做起了有点像我们健身动作的"倒立仰卧起坐"，从倒吊着头向下，转为倒挂着头向上，用翼膜的爪抓住蒲葵叶（像吊单杠），吊着拉出了一坨坨绿色的便便。总的来说它们还是不太喜欢在家里拉便便，不像食虫的伏翼，通常会在家门口解决，长年累月后家门口会有一大堆的粪便，这就是我们中药材中的"夜明砂"。

处暑观察指引

打卡点

从化溪头村（亲水、观鸟）
增城正果镇蒙花布村（亲水）
黄埔区黄麻村（亲水）
流花湖公园（蒲葵）

　　蒲葵是广州常见的乡土植物，几乎所有的公园都有种植，观察蒲葵的树冠和树干，通常是树干细长、树冠面积小，这种特征是否在其他植物（如椰子等）中也存在？与上述特征相反的情况，即树干粗短、树冠面积大，如榕树等。分析树冠面积大小和树干的粗细是否有关联，分析树干为什么大多是圆形。

白露

扬花蝶舞留君醉，
露白方知秋实美。

白露：白露是二十四节气中的第十五个节气，"露从今夜白，月是故乡明"，一年已过半，又近中秋佳节，难免思乡之情油然而生。二十四节气既是农业生产的时间表，也是中国人思念亲人、思念家乡的时间节点。

"蒹葭苍苍，白露为霜"，白露也是一个非常有诗意的节气。"蒹葭苍苍"中的"蒹葭"指的是生长在北方的禾本科植物：荻（dí）、芦苇，在广州并不常见。偶尔在广州周边湿地可以见到的芦苇也是从北方引种的。在广州旱生的芒草和芦苇非常相似，旱生的芒草到了冬末也是白茫茫一片，像蓬松的白色羽毛，随风摆动，特别是在傍晚日落时非常漂亮。

白茅

　　白露节气我们还可以去欣赏一下广州周边常见的白茅。白茅是禾本科植物，在夏初抽穗开花，其貌不扬，但到了白露时节，圆锥形的花序长满了毛茸茸的毛，随风摇曳。种子成熟后会裹在白色的茸毛里一起随风飞走，借风力的传播到处生根发芽。《诗经》中形容女子"手如柔荑（tí），肤如凝脂"，其中柔荑指的是白茅洁白的花序。但对于白茅，老广最为熟知的是它的味道。夏天用白茅根与甘蔗一起煲水，味道清甜，非常解暑。我们小时候在山区没有什么零食吃，有时会和小伙伴一起把白茅根挖出来，洗干净，放在嘴里，可以嚼出淡淡的甜味。

　　白露节气柿子开始成熟，柿子树在广州是落叶树种，

柿子

迁粉蝶交尾

落叶后，红红的柿子缀在枝头，特别喜庆。广州的柿子跟北方的相比，成熟的时间稍晚一些，霜降节气后可以到从化山区看柿子树，别有一番北国的风情。

白露节气适合登高、望月，也适合观蝶。有资料显示广州6月份是一年中蝴蝶种类和数量最多的月份，7月、8月随着气温的升高，蝴蝶的数量和种类会逐渐下降，而在白露节气，气温有所下降，蝴蝶种类随之增加，正是观蝶的好时机。

蝴蝶是理想的自然观察对象。广州蝴蝶种类多、密度大，一年四季都有蝴蝶活动。蝴蝶的外形或者颜色都很令人着迷。近看更让人惊叹不已，其翅膀上致密地排列着带有金属光泽的鳞片，在不同的角度、光线下呈现出不同的色彩。假设把蝴蝶的翅膀比喻成一块画布，那大自然的创造力和想象力比我们人类更为精湛。

玉带凤蝶幼虫

户外观蝶除了观察、辨认、记录和欣赏蝴蝶外，还可以辨认蝴蝶幼虫的寄主植物，学习植物方面的知识。在各种寄主植物上寻找特定种类的蝴蝶幼虫，是一件非常有难度的技术活。不同蝴蝶的幼虫形态不同，同一种蝴蝶不同的时期形态也有差别。

蝴蝶的幼虫和蛾类的幼虫，也就是我们常说的毛毛虫长得很像，但蝴蝶的幼虫通常是无毒的，不会像有些蛾类的幼虫可能导致接触者产生严重的过敏反应。为了能生存下来，蝴蝶的幼虫通常会在叶片上给自己裹上一层保护色，并且会有拟态的行为，以"吓跑"猎食者。广州市区最常见的玉带凤蝶，它的低龄幼虫像一坨鸟类的"粪便"，以防止被鸟类捕食者攻击，想来鸟类应该不会对同类的粪便感兴趣吧。且幼虫有臭腺（发出刺激性气味），在受到惊吓时会"吐出"红红的臭腺以恐吓捕食者。

蝴蝶的幼虫食性比较专一，通常只吃一个科或者一个属，甚至一个种的植物，这类植物被称为蝴蝶的寄主植物。蝴蝶种类的多少也可以反映一个地区植物的多样性。广州市区常见的蝴蝶有：寄主是芸香科的柑橘或黄皮树的玉带凤蝶，寄主是芒果树的尖翅翠蛱（jiá）蝶，寄主是广寄生的报喜斑粉蝶，寄主是白兰的木兰青凤蝶，寄主是十字花科植物的菜粉蝶等。

近些年广州市区在园林绿化时引入了一些新的植物种类，这也增加了广州市区常见的蝶种，比如：蛇眼蛱蝶，其寄主植物是各大公园成片种植、开紫色花的紫花芦莉；金斑蝶，其寄主植物是公园里花期特别长、有毒的夹竹桃

报喜斑粉蝶

扬花蝶舞留君醉，露白方知秋实美。

斐豹蛱蝶交尾

推荐阅读：《野外观蝶——广州蝴蝶生态图鉴》（主编：陈锡昌　刘广　杨骏）。

美眼蛱蝶

科植物马利筋；檗（bò）黄粉蝶，其寄主植物是绿化用的黄槐；以及寄主是散尾葵的翠袖锯眼蝶。

在广州的周边，如增城、从化的山区，山高林密，植物种类丰富，蝴蝶的数量、种类会更多。我曾在南昆山天堂顶记录到西藏褐钩凤蝶这种高海拔蝶种，也记录到红裙边翠蛱蝶这一少见的蝶种。

多留意身边飞过的蝴蝶吧，这些会飞的千姿百态的"花朵"，也成就了我们色彩斑斓的世界。

白露节气，走进林间，林子里有阳光透下来的地方，经常可以看到一种昆虫，它会在空中悬停，当你靠近它时，又会迅速地飞走；当你离开后，它又回到刚才悬停的位置。它的瞬间加速能力非常强，而且能垂直、倒退飞行。它是谁呢？它就是双翅目食蚜蝇的一种。

食蚜蝇的幼虫以蚜虫为食，与苍蝇的幼虫一样是蛆，其中大部分长得白白胖胖，虫体呈透明色，但是也有一些食蚜蝇的幼虫是迷彩色的。它们不生活在粪水或者动物尸体上，而是在植物的嫩枝叶上游走，专挑在植物的芽和嫩叶上吸取植物汁液的蚜虫来吃。如果你想找到它们，可以找一些特别惹蚜虫的植物，如黄鹌（ān）菜、鬼针草、马利筋等植物的嫩叶来吸引它们。若发现有大量的蚜虫聚集，往往会看到一种体形比蚜虫大很多，像蛆一样通过蠕动的方式移动的食蚜蝇幼虫。食蚜蝇幼虫所到之处往往会引发蚜虫阵阵骚动。

食蚜蝇幼虫与蚜虫

在蚜虫群中，食蚜蝇的幼虫往往会大快朵颐，把一只只蚜虫吃成空壳。但食蚜蝇羽化后却会改变饮食习惯，变成素食主义者，以花粉和花蜜为食。它们炫技的飞行方式，会消耗非常大的能量，所以需要经常去访花，也间接帮助了植物授粉。

食蚜蝇幼虫

除了食蚜蝇和瓢虫的幼虫，草蛉的幼虫也会前来享用蚜虫大餐。不过食蚜蝇、瓢虫、草蛉这三种幼虫还是很容易区分。草蛉和瓢虫的幼虫有六条足，草蛉有一对钳状弯管口器，用于捕捉蚜虫，捕食时会先用口器夹住蚜虫，注入可以溶解蚜虫身体组织的毒液，然后吸食溶解后的液体，蚜虫最后只剩下一个空壳，所以草蛉也被称作蚜狮。

食蚜蝇羽化

白露

扬花蝶舞留君醉，露白方知秋实美。

137

草蛉「背尸」

草蛉幼虫通常还会把吃剩的猎物尸体"背"在背上，用"背尸"来隐藏自己。

食蚜蝇、瓢虫、草蛉幼虫三剑客通常会直接进入密密麻麻的蚜虫群中"大开杀戒"。蚜虫一般也懒得动，最多就是"扭扭屁股"跳个集体舞，然后等着一只只地被吃掉。还好蚜虫有超强的繁殖能力，可以直接"生"小蚜虫，很短时间内就可以生出一个"足球队"，不然蚜虫早就被捕食者消灭了。如果你不是密集恐惧症患者，在遇到大量蚜虫聚集时，我建议你不妨蹲下来仔细观察，或许可以看到蚜虫非常有趣的"孤雌生殖"现象。

在大量蚜虫聚集时，各种蚂蚁也会赶过来凑热闹，想要分一杯羹。不过蚂蚁比较特别，它不会杀死蚜虫，相反会"保护蚜虫"，因为它要采食蚜虫分泌的蜜露。除此之外，专门寄生蚜虫的寄生蜂也会在这个时候打起蚜虫的主意，把卵产到蚜虫体内。据我的观察，蚂蚁对食蚜蝇和瓢虫、草蛉的幼虫无动于衷，但是如果有寄生蜂来了，它们

孤雌生殖：也称单性生殖，即卵不经过受精也能发育成正常的新个体。生物不需要雄性个体，单独雌性可以通过复制自身的DNA进行繁殖。

瓢虫幼虫

瓢虫吃蚜虫

白露

扬花蝶舞留君醉，露白方知秋实美。

139

蚜虫与蚂蚁共生

会全力驱赶，或许是这些食蚜蝇、瓢虫、草蛉的幼虫会分泌蚜虫的气味来迷惑蚂蚁吧。

也许你会有疑问，食蚜蝇、瓢虫、草蛉是如何找到蚜虫的呢？有科学研究发现，植物在受到动物"侵害"时，并不只会被动挨打，它们会释放信号，部分信号用于"通

草蛉成虫

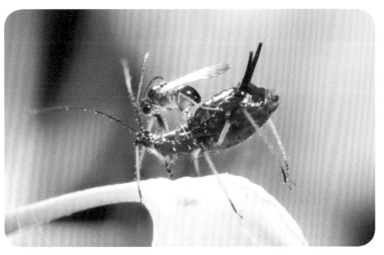

寄生蜂在蚜虫上产卵

知"同类，提前做好防御，另外一些信号则是"通知"蚜虫的天敌，让蚜虫的天敌能准确找上门来。"敌人的敌人就是朋友"，这一策略在植物界也是可行的。

白露观察指引

打卡点

龙洞水库（蝴蝶）
木强水库（蝴蝶）

白露开始慢慢有秋的感觉，秋天的十大雅事中的观秋云、闻秋桂、登秋高、望秋月、品秋蟹、饮秋茶、闲秋居都可以安排。其中观秋云最不需要刻意为之，每天傍晚回家的路上抬头看看天，日落的方向，满天的霞光是最好的遇见。你也可以找一座山峰或开阔的郊野、江边，驻足欣赏晚霞和日落。

秋分

秋意至此分两半，
一半诗意一半禅。

莲蓬

秋分后太阳直射点由赤道向南半球推移，广州开始昼短夜长。秋意至此分两半，一半诗意一半禅。此时的广州，有很多可以做的雅事：赏菊、听雨、观叶、看云、闻桂、登高、望月、尝蟹、品茗、酌酿……每到此时，便让人不由得心生一个念想：几时归去，做个闲人。对一张琴，一壶酒，一溪云。

秋分时节，广州秋意最浓的应该属荷塘，荷塘的荷叶变得枯黄，原本翠绿、开口朝上的莲蓬，开始弯曲向下，颜色也变成了褐色，莲子也变得硬邦邦的，摇一摇莲蓬，莲子和莲蓬会发出"嘟嘟嘟"的碰撞声音。再往后莲蓬会掉到水中，载着它的莲子漂浮在水面。莲蓬仿佛《流浪地球》中的那个空间站，随波逐流去寻觅新生命的归宿。

从2018年起，每年的秋分节气被定为"中国农民丰收节"，各地农民在这一天将开展各种庆祝丰收节的活动。比别处幸运的是，广州一年四季都有产出，时时都在丰收。秋分时节，稻田里第二造水稻正长得旺盛。秋分时节气温下降，阳光变得温和了一些，菜地里全是绿油油的菜苗。广州的菜农开始大批种植叶菜，如菜心、芥菜、西洋菜等，冬至打边炉吃的萝卜也开始播种了，等过了霜降节气，本地的蔬菜就可以大量上市了。

秋分时节农田里的豆类植物可以收成了，如绿豆、赤小豆等。豆荚在成熟后会崩开，向外翻，卷曲，把豆子弹射出去（豆荚通过弹射的方法传播种

栗子

根瘤：由有益的根瘤菌侵入根部组织导致根组织膨大突出而成。

根瘤菌能把空气中游离的氮转变为植物能利用的含氮化合物，这就是固氮作用。能固氮的植物可以减少氮肥的使用量，增加土壤有机质，并改善土壤的物理性状。

子）。豆类植物在我国传统农业中占有非常重要的地位，除了可以作为我们的食物之外，间种、套种豆类植物的方法在我国传统种植农业中也被广泛运用。例如广州夏季不适合种植十字花科的蔬菜，如果菜地丢荒，地里就会长出大量的杂草，等到了秋冬季节种植蔬菜时，就需要花大力气去除草。但如果在夏季种下豆类植物，既可以在秋季收获豆子，又可以控制田间杂草，并且豆类植物的根瘤还可以改良土地，可谓一举三得。传统农耕中与自然和谐相处的可持续发展理念，值得我们去传承和发扬。

广州有两句与物候相关的谚语："七月蜂，八月蛇。"又或者"秋风起，三蛇肥"。"七月蜂"在立秋节气已有介绍，"八月蛇"所说的八月是农历八月，也就是秋分时节。"秋风起，三蛇肥"中的三蛇，一般是指舟山眼镜蛇、金环蛇、滑鼠蛇。蛇类在夏季大量进食，积累了大量脂肪，储备了冬眠所需的能量。

秋分时节，在广州的野外时常会看到幼蛇活动，特别

舟山眼镜蛇

舟山眼镜蛇

是舟山眼镜蛇的幼蛇。舟山眼镜蛇全天活动，因为有剧毒，所以它比较"淡定"，行动相对较慢。而它的幼蛇体形比较短，误入一些沟渠后容易被困住，经常会被人拍摄后放网上传阅，给人一种"广州毒蛇特别多"的感觉。这种情形与夏初人们在户外"捡到"幼鸟的感觉有点相似。与幼鸟不同的是，蛇没有父母的陪伴，出生后就只能靠自己捕捉猎物。

金环蛇

虽然蛇的作息时间和我们人类不太一样，大多夜行，但在自然观察时偶尔能与它们碰上。其实也不用太担心，只要保持距离就可以了。如果你愿意去观察和了解它们，会发现蛇也是非常有趣的物种。

蛇类头骨和人类的头骨构造不同，它的下颌由韧带连接在一起，可以分离，另外蛇类有一块人类没有的方骨骨骼，使它的上下颌可以分离得更远。蛇类的牙齿虽然没有咀嚼功能，却有助于将食物整个吞咽进喉咙里。

中国水蛇捕食罗非鱼

海南闪鳞蛇

蛇类的色彩也是非常丰富的，有能吸收所有光的深黑色，有鳞片闪着镭射光的，也有像竹子一样的翠绿色，还有落叶般的枯黄色。

蛇没有四肢，一张嘴，U形管状的躯干，一条尾巴，却能上山下海、上树钻洞，仿佛没有这"一根绳子"做不了的事情。

原矛头蝮蛇

广州常见的蛇类按栖息环境种类的不同演化出不同的体形，以适应不同的环境。比如：树栖的蛇通常又长又扁，方便它们从一棵树攀爬到另一棵树；穴居的蛇类身体通常呈圆柱形，有助于在洞穴中更快地行进。

广东省是中国蛇类种类最多的省份之一，据资料统计记录有95种，而其中毒蛇就有28种。通常人们对蛇缺乏必要的了解，认为它相貌吓人，具有攻击性，而且有些地区有食用蛇类的旧习。虽然现在"食蛇"慢慢退出了主流的饮食圈，但仍有不少人看到蛇的第一反应依然是"能吃吗？"蛇是自然生态链中的重要一环。多去了解，才能坦然面对，放下伤害，才能接纳保护。

广州常见的4种有毒的蛇是舟山眼镜蛇、银环蛇、白唇竹叶青、红脖颈槽蛇。

舟山眼镜蛇：全天活动，剧毒。它受到惊吓时通常会竖起脖子，并发出"呼呼呼"的声音。颈背露出呈双圈的"眼镜"状斑纹，用来迷惑对手。

银环蛇：夜行，剧毒。但是它很害羞，很少主动攻击人。见到人通常是腼腆地钻到别的地方去，有时也会像刚被挖出土的蚯蚓那样乱蹦（起到恐吓对方的作用）。银环蛇的背部鳞片为一排正六边形，这也是辨认它的重要标志。在野外遇到银环蛇时，要跟它保持距离，让它自行离开。

舟山眼镜蛇

银环蛇

白唇竹叶青

红脖颈槽蛇

白唇竹叶青：剧毒，在广州周边的林地进行夜观时很有可能会遇到。它通常比较安静，看上去攻击性不强，是经常被围观的毒蛇。它喜欢盘在树枝上，有时也会下地觅食。可不要小看它，它能感受猎物是否在攻击范围内，切勿挑衅和掉以轻心。

红脖颈槽蛇：有毒，脖子上有着红色的警戒色，但它不像其他毒蛇有着三角形的头、长的牙、银环黑白配色的强烈警戒信号。有时会被误认为是无毒蛇，遇到它同样要谨慎。

其实在自然观察中，我们遇到无毒蛇类的概率更大，虽然无毒，但也不可大意，要避免被咬，因为蛇类从不"刷牙"。

比如广州非常常见的黄斑渔游蛇，无毒，却比较凶猛，常生活在湿地、稻田。我对它的印象非常深刻，我唯一一次被蛇追，唯一一次被蛇咬都跟它有关。被它追的那一次，缘起于一条黄斑渔游蛇钻进了一个温室大棚，我试图把它转移到其他地方。当我拿开它上面的大花盆后，它却径直向我扑来，我急忙拿蛇夹把它拨开，它又再次冲向我，我只能且战且退，它的屡次攻击让我很是意外。而被咬那一次是在冬季，我见到一条小的黄斑渔游蛇一动不动地躺在马路中间，它应该是在那里享受着"阳光浴"（气温低的时候蛇需要从外界吸取热量）。我怕它被车压了，所以就走过去拎起它的尾巴，准备把它放在路边的草丛中，谁知道它转头就咬了我一口。虽然它是无毒蛇，伤口也不深，但是我发现伤口止血非常困难，这估计是跟它的唾液含有抗凝血的成分有关。自此，我对无毒蛇再也不敢像从前那般轻慢了。

广州还有一种常见的蛇是生活在水中的中国水蛇。每当夜晚来临，它们就会缠绕在湿地、鱼塘中漂浮的树枝杂草上捕食各种鱼类。但随着城市的发展，水体污染、河涌底硬化等情况的出现，它们的生存空间被大大压缩了。

中国水蛇是特立独行的蛇类。它们生活在广州密布的水网里，几乎一辈子都待在水里。它们的幼蛇是在母蛇体内发育成小蛇后，直接从母体中产出的，有别于一般陆生蛇类的卵生方式。

中国水蛇的鳞片有着非常强的防水能力。尾巴也和

中国水蛇

中国水蛇鳞片

钩盲蛇

滑鼠蛇

陆生的蛇有些不同，呈扁平状，以适应在水中的运动。它的眼睛、鼻孔都非常小，不仔细分辨很难看清楚。更神奇的是眼睛、鼻孔都长在头顶部，几乎同一个平面，因此它可以在水面上露出鼻孔和眼睛，方便换气和观察水面的情况，这和在水中生活的鳄鱼、河马很相似。

广州还有种特别的钩盲蛇，它是中国最小的蛇种（如图用我的手掌作为参照对象）。钩盲蛇是无毒蛇，在地下活动，怕光，以蚂蚁等小昆虫为食。平时很难看到，但在夜观时偶尔能遇见，它只要遇到手电筒强光，就会迅速钻入泥土中，很难再寻到踪迹。钩盲蛇和其他蛇一样，在遇到危险时分泌臭味，同时它的尾巴还会伸出一个尖尖的刺。

滑鼠蛇：无毒蛇，广州人称它为水律。它是广州市区常见的体形最大的蛇类，性情凶猛。珠三角广布的河涌、湿地都是它的栖息地。

灰鼠蛇：无毒，广州人称它为"过树榕"。体形纤细，擅长爬树。

广州常见的蛇类还有无毒的台湾小头蛇。它的头小，

滑鼠蛇

灰鼠蛇

显得"脖子"很粗,和头一般大,可以掘土、钻洞,牙齿
非常锋利,可以划开其他两栖爬行类和鸟类的蛋壳。

秋分观察指引

秋分后雨水渐少,广州将进入旱季,如秋
分遇雨则不妨听听秋雨吧,听一听雨打残荷或
雨打芭蕉的声音,感受广州一雨入秋的气候特
点。尝试录一段雨打芭蕉、雨打残荷的声音,
仔细对比雨打在绿叶与干枯叶上的声音的不同
之处,在睡前播放,看这一段雨声是否会让你
感到更安静从而更快入睡。

打卡点

海心桥(日出、日落)
白云山(白云松涛)
石门森林公园(日落)

151

寒露

数叶芭蕉数叶秋，
灯长雨久不眠愁。

寒露

数叶芭蕉数叶秋，灯长雨久不眠愁。

寒露节气，南方秋意渐浓。在北方，有"白露身不露，寒露脚不露"之说，比如鄂尔多斯寒露节气日间气温就仅有10℃左右。在广州，寒露节气有时还需要开空调，但已不像夏季那样迫切了。寒露是广州晚稻扬花、灌浆的时节。此时的稻田里，还有不少的蛙类在鸣叫，只是没有了夏季求偶时的疯狂。但这时的稻田里会有不计其数的各种小飞虫，这是初夏时没有的景象。"稻花香里说丰年，听取蛙声一片"，广州10月的稻田里还是一派欣欣向荣的景象。

153

打榄

乌榄

　　寒露节气的10月，从化、增城地区的乌榄丰收了。乌榄树的树冠阔，树身高大粗壮，但树枝较脆，因此无法徒手爬到高处采摘，所以采摘乌榄时需用长长的竹竿敲打，也叫"打榄"。打下的乌榄，其果肉可以加工成美味的食物，腌制好的乌榄，广府人一般称为"榄角"（以前广东地区常见的下饭菜，类似于咸菜），现在很少单独出现在广州人的餐桌上，但榄角作为配菜，用于蒸鱼、蒸五花肉还是非常常见的。乌榄的壳还可以进行雕刻，加工成工艺品，广州的榄雕入选了国家级非物质文化遗产名录。榄仁也是高端的食材，常用于广式五仁月饼的制作。黄埔区的岭头村茶场有一种非常奇特的茶叶种植的方式，即在茶园里种植乌榄树。高大的乌榄树可以为茶树遮挡夏日的艳阳，在采茶的同时又可以收获乌榄，可谓是一举两得。

　　寒露是鸭脚木（学名异叶鸭掌柴）、盐肤木、白楸（qiū）、台湾相思、美丽异木棉、三角梅等植物的花期，它们在冬季结果，为动物们过冬提供能量。

台湾相思在寒露时节开花，它与清明时节开花的苦楝相呼应，颇有点苦恋对相思的意思。通常我们所看到的台湾相思的绿色"叶子"，其实是它的假叶。其真叶是羽状复叶（有点像含羞草的叶子），只有在它的种子刚刚发芽时才能看到。但随着树体慢慢长大，为了减少水分的蒸发，它的叶子就退化成镰刀状且互生的假叶。台湾相思生长迅速，耐干旱，是华南地区荒山造林、水土保持和沿海防护林的重要树种。在一些贫瘠的荒山甚至会先种植台湾相思，等植被恢复后，再种植其他的树种。台湾相思的花为金黄色，闻起来有轻淡的香味，它也是秋冬季的蜜源植物。

美丽异木棉花

美丽异木棉和广州市花木棉的花期不同，它在秋冬季开花。由于它的花期长，花朵繁茂且颜色鲜艳，壮观的花海会让人产生"春天来了"的错觉。美丽异木棉的果实比木棉的果实大很多，像一个个手雷，冬季时吊在光秃秃的

美丽异木棉果

台湾相思

美丽异木棉棉絮

树上很具有迷惑性，让很多人好奇这个果实能不能吃。其实它的果实和木棉的果实一样，里面全是洁白的棉絮。

寒露时节种植在广州市区人行天桥、高架桥上的三角梅会冷不丁地让你感受到它们的热烈。它们积蓄了一整年的能量在这时候爆发出来，红色、黄色、粉色、白色的花海一簇簇，一丛丛，很是漂亮，而且长达2个多月。三角梅鲜艳的苞片大而美丽，容易被误认为是花瓣，因其形状似叶，故也被称为"叶子花"。三角梅的花很细小，常簇生在枝端的3个苞片内。它一般不用种子繁殖，扦插或嫁接即可。

三角梅

天气渐凉，雨水渐少，可赏秋雨，秋雨打在北方的落叶上是淅淅沥沥的凄美，落在我们广州常绿、厚实的芭蕉叶上则是另外一番意境。芭蕉，植株高大，虽看起来像树，但按植物的分类，它却属于草本植物，竹子也是这种情况。芭蕉四季常绿，可观叶，亦可观花、观果；巨大的叶子更是和"家大业大"的"业"同音，有着美好的寓意，在岭南园林中常见到它的身影。

芭蕉除了给我们美的视觉享受以外，也可以带给我们愉悦的听觉享受。"隔窗知夜雨，芭蕉先有声。"雨打芭蕉、风入松林等自然之声在中国园林中被广泛应用，体现着人们对自然声音的浪漫追求。

芭蕉叶大、含水量高，往往分布在低纬度和低海拔地区。作为广州的代表植物之一，芭蕉与这里湿热的气候相得益彰。

除了常绿的蕉叶之外，芭蕉的花也同样值得关注。为了能在密密的蕉林中被传粉的昆虫和动物看见，芭蕉使用了"骗术"来展示自己。芭蕉真正的花很小，人们看到的鲜艳的红褐色"大花瓣"其实只是芭蕉花的苞片。当苞片打开，上卷，里面一排排整齐的黄色小花才是芭蕉花。

《雨打芭蕉》也是广东音乐的代表曲目。

数叶芭蕉数叶秋，灯长雨久不眠愁。

芭蕉

芭蕉花

为了维持基因的多样性，防止自花授粉，芭蕉先开雌花后开雄花。由于下面的雄花不结果，因此蕉农通常会把下面的蕉花砍掉，防止消耗过多的能量。等到芭蕉采收时，除了把芭蕉果实砍下之外，蕉农也会沿着芭蕉根部把整株芭蕉砍下来。因为芭蕉主要靠分株繁殖，且生长速度较快，所以不用担心这种看上去有点"残忍"的做法。蕉类这样的采摘方式，导致每年有大量茎秆被丢弃，许多国家都在研究如何将这些废弃物更好地循环利用。

岭南佳果通常不易保鲜，如荔枝、龙眼、黄皮果，往往是即摘即食，味道最佳。但芭蕉的保存时间较长，而且需要"后熟"的过程。这并不是说它们不能在树上成熟，而是树上成熟的风味远不如经过人工催熟的好，且树上熟的芭蕉，既不方便运输，也很容易受损。另外在树上成熟的芭蕉，很容易招惹老鼠、鸟类、果蝠，会被咬得面目全非。所以芭蕉达到可以采收的大小（尽管还是青青的颜色）后，就会被采摘下来，经催熟后再贩卖。珠三角地区常用的催熟芭蕉的古法是选用棒香，然后点燃插置在催熟房，熏香催熟。

芭蕉的"茎"非常特别，看上去像是从"茎"顶部丛生的叶片，其实是从地下长出来的。芭蕉叶叶柄基部的叶鞘一层一层卷成筒状，形成像树干状的"茎"，但它不像木本植物有一层坚硬的树皮。在古代，棉花未传入我国之前，芭蕉是岭南地区非常重要的纺织材料，提取其纤维纺织而成的衣服，被称为"蕉衣"。

广州寒露时节，特别是傍晚时分，各大公园琉球寒蝉叫得非常的"凄惨"。这也是广州能够听到的最晚的蝉叫声。"凉风绕曲房，寒蝉鸣高柳"，特别应景。今年的昆虫也随着这批寒蝉的最后歌唱慢慢开启越冬模式。

秋末到了大部分鸟儿"换岗"的时间节点。立秋后候鸟陆陆续续来到广州，寒露时节，晚稻扬花，候鸟黄胸鹀（wú）（俗称禾花雀）集中过境。广州是候鸟南迁的一个重要中转站。观鸟爱好者会在此时开始密切关注鸟类的迁徙情况，交流鸟况信息，也会自发组织大型的鸟类迁徙监测活动，如在白云山监测猛禽迁徙，在朱村、大吉沙监测黄胸鹀的迁徙，在南沙湿地公园监测黑脸琵鹭迁徙等。大量的观鸟爱好者无私地提供了各种鸟类的监测数据，这些宝贵的数据能够有效补充很多鸟类调查的空白，同时也推动了爱鸟、护鸟行动。通过全国观鸟爱好者多年的努力，黑脸琵鹭、黄胸鹀已升级为国家一级重点保护鸟类。

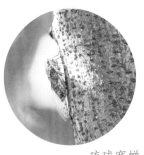
琉球寒蝉

黄胸鹀

凤头鹰

寒露观察指引

寒露节气，国家一级保护动物黄胸鹀从遥远的北方迁徙至广州，在刚进入抽穗扬花阶段的稻田中觅食。可以到广州大面积种植水稻的区域如增城的朱村等，参与寻找和保护黄胸鹀的志愿者活动。

打卡点

流花湖公园（寒蝉）
增城朱村（黄胸鹀）
大吉沙（候鸟、弹涂鱼）
南沙区万顷沙镇（挖莲藕）
增城邓山村（乌榄采摘）

霜降

羊城至此始入秋，芙蓉花开俏枝头。

木芙蓉花

因为五岭的庇护，北方寒冷的冷空气到达广州时，威力被大大地削弱了。广州市区很少出现霜降，更罕见下雪天气。虽然广州霜降不结霜，甚至某些年份全年无霜，但是在广州还是可以见到类似"霜降杀百草"的场景。在郊区的树林、田间和果园里，禾本科的杂草开始枯黄，大部分一年生的植物也逐渐进入生命的尾声，为秋季平添了一些肃杀感。

根据中国国家标准《气候季节划分》的界定，广州通常在霜降节气后能成功"入秋"。此时北方已准备进入冬季了，我们广州的秋季却姗姗来迟，不过也同样精彩。

霜降节气，昼夜温差明显拉大，降雨减少。此时广州各大公园（如海珠湖、流花湖）种植的木芙蓉会准时绽

"气候季节划分"标准是一个地方连续5天的日平均气温≤22.0℃，在对应的气温序列中，第一个日平均气温≤22.0℃的日期作为秋季起始日。

160

木芙蓉花

放。通常木芙蓉一年只有一次花期，花期始于霜降节气，终于大雪节气。但近年来发现它在有些年份的春季也会开花，这可能是由于气候变化的原因。有些学者认为广州的气候可以参照热带地区分为雨季和旱季。当广州的春季遇到干旱时，气候条件就会和秋季相似，这或许是导致芙蓉在春季开花的原因。木芙蓉的花期只有一天，而且由于一天中花朵内花青素含量的不同，花朵的颜色会随着时间的变化而改变。早晨是白色的，到了中午会变成浅红色，而到了晚上则成了深红色。

霜降开始后，广州自然界的夜晚慢慢趋于单调、安静，除了直翅目的鸣虫之外，大部分的蛙类开始寻找冬眠的地儿，很难寻其踪迹。蛇类的活动也明显减少。

蜘蛛网

　　这个节气，跟我去看看蜘蛛吧，这个号称有人类活动的地方就会存在的物种。

　　蜘蛛，有八条腿，八只眼，全身布满刚毛。它们和昆虫一样有外骨骼，借助里面的肌肉收缩和流动的血液运动。蜘蛛在我们身边悄无声息地游走，恐怖片中会通过悬挂的蜘蛛网来制造恐怖气氛，加重了人们对它们的恐惧与误解。

　　其实蜘蛛是非常有趣的动物，其种类繁多，有结网的，也有不结网的，有游猎的，也有守株待兔的。它们的

屏东巨蟹蛛

162

本领超强，有的可以潜水，有的可以"飞翔"，有的善于跳跃。

蜘蛛和人类活动也关系密切，可以说有人居住的地方就可以找到它们。它们是很多昆虫的天敌，对生态系统的维持有非常重要的作用。

霜降时节，广州的蜘蛛还会像往常一样织网。它们一般在下午5点多开始劳作，织好网后就在网上慢慢地等待猎物上门，所以晚上是观察蜘蛛的最好时间。因为经过一晚的捕猎或者被其他动物破坏，白天很难观察到非常完整的蜘蛛网；还有一部分小型蜘蛛白天不在网中间，而是躲在了蜘蛛网旁边的树叶下面，只留一张空网挂在空中却不知主人是谁。

有些蜘蛛从外形上可以区分雌、雄，比如雄性长纺蛛，其触肢末节膨大，上面有两个像拳击手套一样储存精

狡蛛在水边觅食

子的结构。还有一些蜘蛛则可以通过体形的大小来区分，通常雌性体形更大。

我观察过广州野外常见的一种络新妇蜘蛛的交配过程。络新妇的雌蛛、雄蛛体形相差甚远，雌蛛非常高大伟岸，雄蛛很小，两者之间的差距，打个比方来说吧，雌蛛像航空母舰，而雄蛛却小得像一架停在甲板上的飞机。由于体形相差甚远，所以如果络新妇雌蛛不开心，雄蛛很可能就会成为雌蛛美味可口的点心。因此雄蛛在求偶过程中非常小心翼翼，它会在周围做很多的试探，讨雌蛛的欢心，直到它认为雌蛛有交配的意愿才敢靠近，慢慢地爬到雌蛛的腹部。它们交配的器官在腹部，看上去就像它们"抱抱"以后就能生宝宝了。

络新妇蜘蛛雌蛛和雄蛛（红色）交配

大多数种类的蜘蛛都会照顾后代。这一点和绝大多数的昆虫不同（大多数昆虫的后代靠自力更生长大）。蜘蛛通常都会看护自己的卵，直至卵孵化成幼蛛。有些蜘蛛会在固定的位置看护卵，如常见的跳蛛、猫蛛，它们通常在卷曲的树叶上产下卵后，会再用蜘蛛丝包裹着卵，包裹物远看上去像是鸟粪一样。

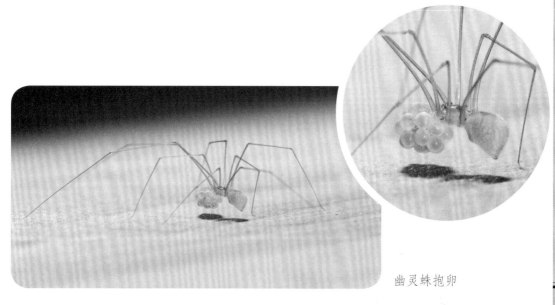

幽灵蛛抱卵

蜘蛛护仔

有一些蜘蛛活动范围大、爱浪迹天涯，但也会把卵打包，随身携带。比如我们家里面很常见的幽灵蛛，它们把产下的卵"打包"用嘴"叼着"，直到卵孵化。有些在草坪常见的豹蛛会把卵打包放置在尾部，等卵孵化出来后，小蜘蛛就会爬到母蜘蛛的背后，密密麻麻的，看起来像是

母蜘蛛喂养幼蛛

被其他生物寄生了，直到小蜘蛛能独立生活后才离开。

　　蜘蛛可以产下大量的卵，以保证有较多的个体能存活下来。即便幼体很多，我也观察到有些雌蜘蛛会通过口对口的喂养方式——喂养来提高小蜘蛛的成活率。

　　蜘蛛很有耐心，是擅长隐身和长期潜伏的猎人。蜘蛛捕猎的方式因蛛而异，在广州常见的是织网型的。蜘蛛会利用植物或者墙角编织一个平面的蜘蛛网，大部分平面的蛛网垂直于地面，有一些在河流或者水井里结的蛛网则与水平面平行，方便捕捉从水面向上飞的昆虫。

蜘蛛织网

　　蜘蛛在蜘蛛网上的"站位"非常特别，你会发现它通常都是"吊"在网上，而不是稳稳当当地"站"在网上。这是方便它在遇到袭击时，能立刻松开蜘蛛网，逃脱到地面以寻找一线生机。这圆形的蛛网上布满密密麻麻的蛛丝，藏着蜘蛛捕捉猎物的秘密。蜘蛛网一般可分为"经线"和"纬线"。"经线"是以蜘蛛所在的中心点为原点，向四周发散的蛛丝；"纬线"是以中心点为圆心，搭在"经线"上面的一圈圈蛛丝。

蜘蛛捕食

"经线"是由无黏性的蜘蛛丝构成的，蜘蛛在织网时会先搭建主体框架的"经线"，然后再一圈一圈地织"纬线"。"经线"是蜘蛛在蛛网上行走的线路；而绝大部分纬线则具有黏性，是蜘蛛用于捕捉猎物的陷阱。

除了上述织网型的捕猎方式，还有一些"不织网"的蜘蛛，如长纺蛛、跳蛛等。

长纺蛛是广州常见的蜘蛛。它们通常会趴在树干上，且具有能和树干融为一体的保护色，如果你不认真观察的话，很难发现它们。它们对自己的伪装效果非常自信，在没有受到干扰的情况下，会一动不动地趴着，可以在同一个地点保持同一个姿势几天。如果你从不同的角度观察，你会

长纺蛛

跳蛛

发现树干上缠绕了很多蜘蛛丝，当这些丝线被触碰，长纺蛛就会收到信息，发起捕猎，或者是赶紧逃生。

"游猎能手"跳蛛也是广州常见的蜘蛛，其种类多，数量大，在户外很容易看到。跳蛛使用蜘蛛丝的方式很独特，无论走到哪里，它都做足了安全措施，它会拉着一根蛛丝，以便随时可以纵身一跃。估计"蛛丝马迹"中的"蛛"，讲的就是跳蛛，因为它走过必留痕迹。如果你发现身边有这种跳蛛不妨去试验一下，拿根小木棍引导它上去，当它在小木棍上发现无路可走的时候，便会纵身一跃。当它跳下后，你会发现这个小家伙悬在半空中，而尾部则有一根丝连在了小木棍上。

蜘蛛捕食的猎物除了常见的昆虫如苍蝇、蛾类，还有很多让你想不到的生物，比如鱼类。有一些蜘蛛可以漂浮在水面，抓水里的鱼来吃。这种蜘蛛体表全身长满了防水茸毛，入水后密密的防水茸毛会附着许多气泡，像进入了一个空气罩子，在灯光下这个空气罩子呈现闪亮的银色。

我还观察过广州常见的角红蟹蛛伏击采蜜的蜜蜂的过程。当蜜蜂去吸花朵中间的花蜜时会把头埋在花蕾里，进而把头部后方的薄弱点暴露出来。蟹蛛模拟鬼针草的白色花瓣埋伏在花瓣上，看准时机，突然咬住蜜蜂头部后方薄弱的地方，把它按在花朵上，防止蜜蜂的毒刺刺到自己，然后迅速释放毒液，很快蜜蜂就不能动弹了。

当蜘蛛长得足够大时，它们就能猎杀任何比它们小的猎物。我曾拍到过高脚蜘蛛猎杀壁虎，估计壁虎怎么也没想到自己会栽在蜘蛛的手里。

角红蟹蛛

高脚蜘蛛猎杀壁虎

自然界中任何一种生物都是生态系统中的一环，蜘蛛作为次级消费者起着承上启下的作用。很多人害怕蜘蛛，主要原因在于不了解这类神秘的物种，多一点观察和了解，或许会让我们改变这种惯性的思维。

角红蟹蛛猎杀蜜蜂

猫蛛猎杀荔枝蝽

霜降观察指引

📍 打卡点

华南师范大学（美丽异木棉）
海珠湖公园（木芙蓉）
市区各大立交桥（三角梅）
白云山（猛禽迁徙）

霜降节气广州市区依旧绿意盎然，但从化山区却秋意正浓，特别是从化山区的柿子树叶已落，柿已红，与广州市区形成鲜明的对比。可到从化山区去采摘霜降的柿子，感受浓浓的秋季气氛。

冬

立冬 小雪
大雪 冬至
小寒 大寒

冬,代表着寒冷、休眠。冬季,随着阴气增强,万物开始进入冬眠状态。

○ 节气 重点介绍内容

立冬 —— 中华蜜蜂
小雪 —— 野菊花，雪萤
大雪 —— 红胸啄花鸟，广寄
　　　　生
冬至 —— 落羽杉，菜园子
小寒 —— 睡莲
大寒 —— 白蚁，植物种子

　　广州冬天的基调是——不太冷，有时气温还达不到中国国家标准《气候季节划分》的冬季标准。广州冬季气温通常有反复，有时波动较大，气温升高到二十多度，给人春天的错觉，然后突然打"五折"降下来。

　　广州冬季的农田像春天一样繁忙，晚稻在立冬时成熟，蔬菜也在冬季获得丰收，无怪古籍中这样描述："地无废壤，人无游手者矣。"干旱少雨的冬季，适合兴修水利，淤泥还可以给蔬菜、果树积肥。这是广州果基农业的一大特色。为迎接春节的到来，老广们在冬季也开始了广式腊味的制作。

　　广州的冬季，落叶植物和常绿植物、观花植物与观果植物并存。各种状态的植物为动物提供了丰富的食物来源。

　　广州的冬季也是观鸟季。为了寻找食物，大量候鸟不远万里从北方迁徙到广州，一直到来年4月才离开北上。昆虫则呈现两极分化的情况，有一些昆虫在冬季依然活跃，比如报喜斑粉蝶、食蚜蝇；而马蜂和胡蜂的王朝却已经覆灭，只有新的蜂王才能越冬。

　　在广州，迟迟不"入冬"的冬季，还会被春天"挤占"。当北国还是千里冰封时，广州已经春暖花开。

立冬

立冬

叶末黄，蜂儿忙，
夜夜西风待清霜。

叶未黄，蜂儿忙，夜夜西风待清霜。

　　立冬，在北方，是开始进入冬季，甚至开始下雪的日子。而这时广州的树叶却还没黄，更没有落叶。广州的冬天经常被市民调侃"入冬"失败。除了广州纬度低，冬季温暖之外，我认为还有一部分原因是，广州是个外来人口多的城市，大家把自己故乡冬季的印象代入广州，更突显了广州的冬天不太冷。

红耳鹎吃柿子

在广州，冬季依然是生机盎然的。大批的开花植物如红花羊蹄甲、羊蹄甲、美丽异木棉、三角梅等装扮着城市的各个角落，给人一种春暖花开的感觉。此时广州的农田也像春天一样繁忙，晚稻在这时成熟，蔬菜也获得丰收。

立冬节气，广州北部从化山区的柿子树叶已落尽，市区由于气温偏高，柿子树叶还没开始掉落，红红的柿子若隐若现。"野鸟相呼柿子红"，喜欢吃浆果的各种鹎类此时齐聚柿子树，常见的有白头鹎、红耳鹎、栗背短脚鹎。它们吃柿子通常还有一定的"规矩"。白头鹎最霸道，只要它来，其他两种鸟得自觉靠边站，稍微迟疑就会被暴力驱赶；比较活跃的栗背短脚鹎也会欺负红耳鹎；而看起来体形较大，留着朋克头的红耳鹎却"胆小怕事"。

立冬时节，是广州的山野一种名叫"假杜鹃"的野花的花期，它们一年只开一次花。花呈蓝紫色，开在山坡上，迎着阳光特别漂亮。这个植物名字挺有趣的，明明是真花却加了个"假"字的前缀。广州常见植物名中带有

假杜鹃

"假"字的还有假连翘、假槟榔、假萍婆、假臭草、假蒟（jǔ）等。这些带"假"字的植物和不带"假"字的植物有一些相似的特征，似是而非，所以在命名中带有"假"字。

1700多年前，《南方草木状》的作者嵇含说："凡草木之华者，春华者冬秀，夏华者春秀，秋华者夏秀，冬华者秋秀。"其中"秀"是开花，"华"是果实。广州冬季开花的植物，在春季结果。比如，广州的枇杷也是在立冬节气开花，待第二年初春时枇杷就可以成熟上市了。

立冬是广州晚稻收割开始的时间，与早稻收割时7月的高温溽（rù）暑不同，立冬后气温相对较低，天气晴朗，降水少，也不需要为赶种下一造水稻而疲劳作战，农民多了一些从容和淡定。晚稻生长周期比早稻更长，且灌浆后气温开始下降，营养物质积累更多，米粒更结实，品质更好。

叶未黄，蜂儿忙，夜夜西风待清霜。

枇杷花

晚稻收割

给果树刷生石灰

立冬的农事除了收割水稻，还有给果树和行道树刷生石灰。生石灰有杀菌和除虫的作用，给树木刷上生石灰可以防范白蚁及其他昆虫的侵袭；刷在树干底部的生石灰还可以反射阳光，减少树干对阳光的吸收，避免树干因为昼夜温差过高而开裂。与此同时，立冬后雨水相对较少，气候干燥，这时刷生石灰不容易被雨水冲刷掉。行道树醒目的白色也可以让道路行车更安全。所以立冬后给果树和行道树刷生石灰也是顺应天时的做法，可以事半功倍。

勤劳的蜜蜂是广州一年四季常见的昆虫，即使是进入

勤劳的蜜蜂

冬季，在广州的开花植物上也很容易见到它们。蜜蜂和我们前面提到的胡蜂、马蜂同属于膜翅目家族，但肉食性的胡蜂、马蜂冬季会弃巢，而蜜蜂能储存花粉和蜂蜜，所以在冬季一样生生不息。

蜜蜂有大大的眼睛，毛茸茸的身体，一双透明的翅膀，它们勤劳地为植物授粉，酿造蜂蜜。在蔗糖进入我国之前，蜂蜜是甜味的主要来源。蜜蜂也是为数不多被人类驯化的昆虫，由于长期的驯化，大部分蜜蜂对人类友好，适合作为自然观察的对象。

蜜蜂采蜜和采集花粉的过程很有意思。它们没有"口袋"，却能携带液态花蜜和固态花粉回到蜂巢。蜜蜂的口器有像吸管一样的结构，可以吸取花朵里面的花蜜，然后把花蜜储存在"肚子"里。那花粉怎么携带呢？蜜蜂飞到花中采集花粉和花蜜时，先让全身沾满花粉，然后在飞行过程中用前足将花粉与唾液混合，并传递到中足，再传递到后足，其后足外侧特殊的结构"花粉篮"能附着花粉块。

花粉对于蜜蜂来说非常重要，关系到家族的繁衍。花

蜜蜂

蜜蜂采集花粉

蜜蜂蜂巢
（▲▼）

粉能为幼虫提供成长发育必需的蛋白质（花蜜只能提供热量）。花粉的数量会影响蜂王的繁殖进度，冬季花粉少，蜂王产卵少；春夏季花粉多，蜂王则产卵多。

广州人工养殖的蜜蜂种类有中华蜜蜂和意大利蜜蜂两种。中华蜜蜂是我们本土物种，相较于意大利蜜蜂，中华蜜蜂个体小，种群较小，产蜜量也较少。但中华蜜蜂非常勤劳，有冬天低温天气访花采蜜的特性（意大利蜜蜂低温天气不访花采蜜）。中华蜜蜂为广州冬季开花的乡土植物传粉，为维持自然生态系统的稳定起到重要作用。

蜜蜂的蜂巢内有三种蜂，即工蜂、雄蜂、蜂王。工蜂正如它的名字一样，在蜂群中从事各种工作，如清洁、建筑、安保、保育、采蜜等。这些角色随着它的龄期而转变，幼年工蜂在蜂巢内喂养幼虫并做清洁，泌蜡建巢脾，大一点后到蜂巢外做安保工作，再后来外出采蜜，直至最

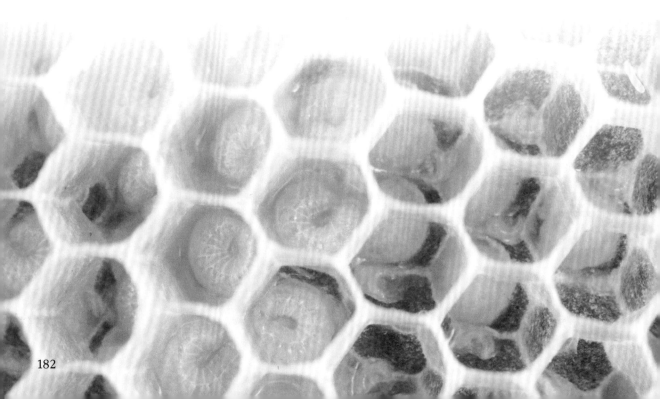

后老死在采蜜的路上，寿命大概是45天。雄蜂，体形大，和蜂王相近，两只大大的复眼几乎占据了整个头部，它的主要任务是与蜂王交配，不过在交配后，雄蜂就会死去。雄蜂可以自由出入其他蜜蜂种群的蜂巢，给人成天"游手好闲"的感觉，雄蜂会消耗蜂蜜和花粉，所以在人工养殖中一部分雄蜂会被蜂农人工去除。而蜂王的任务是负责产卵，同时通过分泌化学信息素控制着整个蜂群，它比其他两种蜂的寿命要长。

中华蜜蜂蜂巢内部

中华蜜蜂的巢脾像一片片排列紧密的片状珊瑚。巢脾既可以储存花粉、蜂蜜，也是蜜蜂的育儿场所。巢脾上排列整齐的六边形是用蜜蜂身体分泌的蜂蜡建造的，质地轻，结构稳固，而且非常节省空间。

蜂王会在每个六边形的蜂巢内产下一枚卵，蜂王能够控制卵的性别，未受精的卵发育成雄蜂，受精卵发育成工蜂。卵孵化后，工蜂们会给里面的幼虫喂蜂王浆（哺育蜂特化的腺体分泌），几天后改喂花粉和花蜜的混合物，所以蜜蜂的幼虫是泡在"蜜罐"里长大的。从卵到蛹到羽

王台

化，工蜂大概需要21天，雄蜂需要24天。

当食物来源充足，蜂群内过度拥挤时，工蜂会为新蜂王准备王台基，以在不久的将来迎来种群的扩张。王台基和六边形的蜂巢不同，开始时像杯子，当蜂王在王台基里产卵后（受精卵），工蜂会不断地将其建造和延长，最后建成像花生状的王台，垂直挂在巢脾上。王台里的幼虫在整个发育期都会被投喂蜂王浆，羽化后成为有生育能力的新蜂王。新蜂王的发育期大概是16天，比其他两种蜂的发育期都要短，同时它有蜂针，羽化后会杀死与之竞争的其他新蜂王。所以蜜蜂的发育过程非常特别，可以通过"投喂"不同的食物决定后代有没有生育的能力。

在新的蜂王出现前，蜂群开始分群。分群时老蜂王率领种群内2/3的工蜂离巢（通常发生在春夏季，广州常见于惊蛰时），到新的地方建巢。

到立冬节气，"苟延残喘"的胡蜂们会集中跑到蜜蜂的蜂巢，抓采蜜回巢的蜜蜂为食。这时蜜蜂群中负责安保的工蜂会在蜂巢的出入口集结防范胡蜂，它们集体统一扇动翅膀，警告胡蜂们不要靠近。胡蜂通常背对着蜜蜂回巢必经的出入口，拍打翅膀悬停等候，伺机迎面捕捉回巢的蜜蜂。蜜蜂一旦被抓住，胡蜂就会利用它体形更大的优势，"抱住"蜜蜂，飞离蜜蜂巢的区域，然后用它的大颚把蜜蜂咬死，吃掉。虽然胡蜂体形较大，毒刺可以反复使用，蜜蜂巢内也有它非常喜欢吃的蜂蜜和蛋白质丰富的蜜蜂幼虫，但胡蜂却不敢轻易进入中华蜜蜂的巢。一旦进入就会被中华蜜蜂群殴，被团团围住，"闷死"在里面。因为胡蜂对温度特别敏感，而中华蜜蜂却可以全身而退。

　　立冬后，广州大部分的蛙类开始冬眠，直到雨水节气的到来。冬天它们会尽量找地方躲避起来，比如一些斑腿泛树蛙会选择在锯断的竹子洞里冬眠，泽蛙、虎纹蛙会选择在泥洞里冬眠。冬眠是自然界的一种淘汰机制，只有足够强壮的蛙类才能在来年春季"醒"来。大部分蛙类会选择在春、夏季进行繁殖，因为从蛙卵到蝌蚪再到幼蛙需要一定的时间，只有幼蛙长得足够强壮，才能挺过第一个冬眠期。

胡蜂和蜜蜂

立冬观察指引

　　榕树在广州随处可见，植根于广州人的生活。冬季很多的榕树进入果期。大量的榕果为在广州越冬的鸟类提供了重要的食物来源。观察你身边的榕树，统计榕树的种类，观察它们的形态（是高大的乔木，还是低矮的灌木？），解剖榕树的果实，并用放大镜观察。留意榕树气生根的生长方向，看看有哪些小动物来拜访榕树。

打卡点

中山大学（候鸟）
从化桂峰村（候鸟、柿子）
增城朱村、大吉沙（黄胸鹀）

小雪

家家晒腊忙，
野菊开正黄。

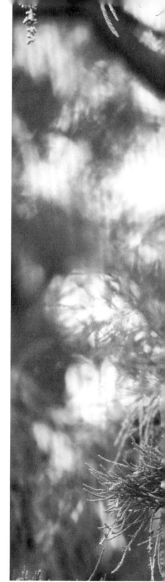

黑尾蜡嘴雀

从立冬开始，广州的气温明显下降，虽然期间也会有反复。小雪节气后，天气会一直保持凉爽的状态。每天傍晚天黑的时间要比7月份提早一个多小时，感觉下午6点没到，天色就已经黑了下来。野生动物也不像夏季那么早出来觅食，活跃的时间通常在接近中午开始到下午天黑前就结束。夜间活跃的动物就更少了，鸟类通常睡得更熟，不会被轻易吵醒。小雪节气，阴天有风时，冬天的感觉十足，但在阳光灿烂的日子，又感觉像春天，暖洋洋，且天空湛蓝，能见度超高，非常舒适。这样的天气会交替着进行。不过也会有下雨天气，湿冷，甚至还有可能出现春季才有的"回南天"。虽然湿冷天气

大家都不喜欢，但是对于农业生产却是好事，低温会使第二年农业生产的病虫害减少。

　　继禾本科植物在霜降节气开始有明显变化后，落叶的木本植物在小雪节气叶子也开始有了变化。海拔高的从化山区如石门国家森林公园的鸡爪槭（qì）已经红透了，桂峰村的柿子树掉光了叶子，满树红红的柿子特别诱人。在广州市区周边的山野，一些对气温比较敏感的植物叶子也悄悄地在转变颜色，如乌桕、山乌桕、楝叶吴萸。山林的色

铁冬青

彩变得丰富起来，但还需要更多冷空气的加持，到了冬至节气山林的色彩最为斑斓。

小雪节气，观果树种铁冬青正满树红果子，非常应景。红红的果子吸引各种鸟儿前来觅食。除了铁冬青，落羽杉和大花紫薇的果实也不会被鸟儿落下。

落羽杉和大花紫薇成熟开裂的果实，吸引了蜡嘴雀、金翅雀的光临。它们非常清楚这两种植物种子成熟的时间，每年都会准时出现。它们各有偏好，蜡嘴雀钟情落羽杉，金翅雀则情属大花紫薇。蜡嘴雀、金翅雀只在冬春季节在广州市区活动，夏秋两季则会迁徙到其他地方，或许是广州市大量种植的这两种植物把它们吸引了过来？蜡嘴雀、金翅雀是怎样与这两种外来的植物达成如此默契的，这是值得我们去研究的问题。

金翅雀与大花紫薇

苦草

苦草雌花特写

　　不知你是否留意到，小雪节气后家里的鱼缸不再需要经常换水，特别是养了乌龟等小动物的小水池也不再那么浑浊，变得干净了许多。同样的现象也发生在自然界，池塘、湖泊变得干净、通透了许多，甚至夏季有气味的臭涌，这时也没有了令人讨厌的气味。这种现象会一直持续到来年立春后。因为气温低，水中的藻类生长受到抑制，引发一系列连锁反应，包括蚊子减少、水质变好等。

　　小雪节气，广州各大公园有水体净化工程的湖面大多清澈见底。这些湖通常较浅，里面大多种植有苦草，它有净化水质的作用。苦草的花及其传粉机制很特别。它的雌花很小，开在水面上，花梗像一根长长的弹簧，可以随水位调节。而雄花在水下，释放花粉，待花粉漂浮于水面后，雌花在流水中捕捉花粉再沉入水中，在水中孕育种子。这个过程和睡莲很相似，只是睡莲需要昆虫帮忙授粉，而苦草授粉靠的是流水（我们称之为水媒）。

野菊花

晒干的野菊花

晒腊味

小雪节气，广州周边山野的菊科植物如千里光、野菊花盛放。特别是野菊花，每年小雪节气都能准时开放，像是调好的闹钟一样。野菊花可以成片地生长在贫瘠的山坡地，花朵虽小却很鲜艳，且花期长。除了作为观赏花卉，野菊花还是一味中草药，注重养生和喜欢喝茶的广州人，爱拿野菊花泡茶。野菊花采摘后晒干可长期保存。饱满、未开放的花骨朵晒制出来就是我们常说的胎菊，其药用价值更高。

广州的一些传统手作在小雪节气开始热闹地忙活起来，其中有大家熟悉的晒腊味（过去存储条件有限，人们广泛使用这种保存食物的方法）。家家户户晒腊味是老广小时候的特别记忆。传统制作广式腊味的时间是小雪到立春节气。这段时间天气干燥，吹北风，腊肉、腊肠风干快，且天气寒冷，少了苍蝇等昆虫前来"滋扰"。同时阳光足，且温度低，不会把腊肉、腊肠中的脂肪破坏。如果在小雪节气之前晒制腊味，肉制品通常容易"大汗淋漓"，油脂会析出，腊味的品质和风味将大打折扣。经过自然加工的腊味，有阳光、北风、温度的作用，能形成美妙的香气和滋味，是机械加工难以企及的。

小雪节气广州昆虫的种群数量、密度都大幅减少，但在广州周边的山林里，有一种萤火虫却正处在爆发期。这种鞘翅透明似雪的萤火虫有个非常浪漫的名字——雪萤，和小雪节气非常应景，它不仅外形漂亮，发出的光也很特别，会形成一种绿色的连续的光轨，有别于夏季其他黄色、白色光源的萤火虫。

爆发期的雪萤很活跃，甚至能和我们互动，当你在远处拍掌，它会发光和你呼应；当你有节律地左右挥舞手机屏幕的亮光（注意不是手机手电筒的强光），整个山坡的雪萤也会在飞行中发着光有节律地予以回应。小雪节气去到广州的山林里看萤火虫有着别样的浪漫，足以弥补广州冬天不下雪的遗憾。

雪萤

小雪观察指引

小雪节气是广州周边山林的雪萤和橙萤的爆发期。夜晚 8 点至 9 点在龙洞、帽峰山可以感受广州别样的小雪物候（注意请不要捕捉和伤害萤火虫）。

打卡点

华南国家植物园（铁冬青）
增城朱村、大吉沙（晚稻收割）
龙洞水库（雪萤）

大雪

岭南无雪有花妍，
紫荆葱茏雁归来。

大雪

岭南无雪有花妍，紫荆葱茏雁归来。

　　虽是大雪，在广州却连雪花也难得一见。所以此节气名称不能真实反映广州的物候。此时广州市区越来越多的落叶植物准备以落叶来应对更低的气温，而冬季开花的植物却花开正盛，如鸭掌柴（俗称鸭脚木）、红花羊蹄甲、朱缨花等。大雪节气也是广州最佳的观鸟节气，候鸟已经迁徙到位。无论是在广州周边的山林，还是滩涂、湿地，随处都可以见到观鸟爱好者。

红花羊蹄甲

从11月中旬开始，广州到处可见葱茏茂密的红花羊蹄甲，花色紫红、蔚为壮观。树上飘落的紫红色花瓣，让人不忍心踩下去。红花羊蹄甲是香港特别行政区的区花，叶如羊蹄，花似蝶影，且有淡淡的香气。虽然其花朵繁盛，却不能结果，无法用种子繁育后代。红花羊蹄甲是羊蹄甲和宫粉羊蹄甲自然杂交产生的，集合了羊蹄甲（母本）和宫粉羊蹄甲（父本）的优势。红花羊蹄甲的花比羊蹄甲的花要大，花色又比宫粉羊蹄甲鲜艳，花期更长，所以被世界各地广泛引种栽培。红花羊蹄甲最早在香港被发现，因其有上述特性，且世界各地引种的红花羊蹄甲都与香港关联，所以这种唯一性也是它成为香港特别行政区区花的原因。

我们在广州见到的红花羊蹄甲是经过嫁接处理的，接穗是红花羊蹄甲（也就是观赏的开花部分，负责"貌美如花"），砧木是羊蹄甲或宫粉羊蹄甲（也就是根部，主要起提供营养的作用，负责"挣钱养家"）。采用嫁接的方法是因为羊蹄甲或宫粉羊蹄甲可以通过种子繁殖，且实生

嫁接在羊蹄甲上
的红花羊蹄甲

红胸啄花鸟

194

苗有主根，嫁接苗长大后不易倒伏（扦插则因为没有主根而容易倒伏）。嫁接后会在树干上留下痕迹，如果你仔细观察，在距离地面1米左右的树干上有一个环状膨大的部分，那就是嫁接产生的愈伤组织，同时环状膨大部分上下树皮的颜色和纹路会有差异。

大雪节气，广州市区公园里有一种鸟非常值得关注，那就是红胸啄花鸟。在夏天，你想在广州市区里觅得红胸啄花鸟的身影是很难的，因为它们会垂直迁徙到海拔高、气温低的山区，天冷的时候它们才会出现。红胸啄花鸟喜欢在广州各大公园的树顶"开垦"自己的种植园，并在每年冬季回来"收获"果实。而想要与它们偶遇，我们先要找到广寄生这种植物。那怎么找到广寄生呢？广寄生在其他季节不容易被发现，但是到了冬天，这个"潜伏者"就会显露出来，特别是当寄主是落叶植物，如木棉、柿子树等。在光秃秃的寄主植物树顶，郁郁葱葱的广寄生格外引人注目。

广寄生

广寄生的果实黏性非常强，鸟儿吃下去后种子并不会被消化，而是经粪便排出，此时果实中的黏性物质会粘在鸟的肛门周围，鸟儿为了甩掉这些黏糊糊的东西，就会把屁股往树皮上蹭，于是种子就粘在了树干上，待到种子发芽，根系就会扎进寄主植物，吸取营养，并占据有利的位置，截取树冠上层的阳光。

广寄生的寄生策略非常有效。首先它选择的寄主为木本植物，而不选择禾本科、肉质多浆类的植物，以确

岭南无雪有花妍，紫荆葱茏雁归来。

保有长期的饭票，同时它入侵到寄主的方法也很有效。在广州市的公园，我统计到它可以寄生的植物有近70种，如木棉、水蒲桃、构树、紫薇、木麻黄、柿子树、板栗、苦楝、黄皮、杨桃、柚子、龙眼等。一些引进的物种也会被寄生，如人心果、红千层、美丽异木棉、落羽杉等。

前面介绍红花羊蹄甲时讲到了苗木的嫁接，影响嫁接成活的主要因素是接穗和砧木的亲和力。接穗和砧木在内部组织结构、生理和遗传上，彼此相同或相近。亲和力高，则嫁接成活率高；反之，则成活率低。一般来说，植物亲缘关系越近，则亲和力越强，嫁接成活率也越高。但广寄生却很特别，可以寄生于多种植物上，且不受寄主植物冬季落叶的影响，依然枝繁叶茂，开花结果，活得很是滋润。广寄生这种生存的策略非常成功，即使没有扎根土壤，同样生生不息；即使没有伟岸的身材，也能站在树林最高处。这就是植物的智慧。

据我的观察，红胸啄花鸟也有主动帮助广寄生传播种子的嫌疑。鸟儿站在树枝上，通常头和尾部会露出树枝，所以鸟儿可以随时拉便便。但是红胸啄花鸟拉便便时，会侧一侧身，把肛门对着树枝拉，含有广寄生种子的便便就稳稳地粘在了树枝上。仔细观察，你或许可以看到树上粘着一排排带有广寄生种子的便便。长期的共生关系，让鸟类和植物合作共赢。

道高一尺，魔高一丈。生活在树顶的广寄生也并不是高枕无忧，有一种蝴蝶非常喜欢吃广寄生的叶子，那就是报喜斑粉蝶。报喜斑粉蝶是广州冬季常见的蝴蝶，它们喜欢在广寄生叶片上产卵，通常这些卵会在同一时间孵化，

报喜斑粉蝶幼虫

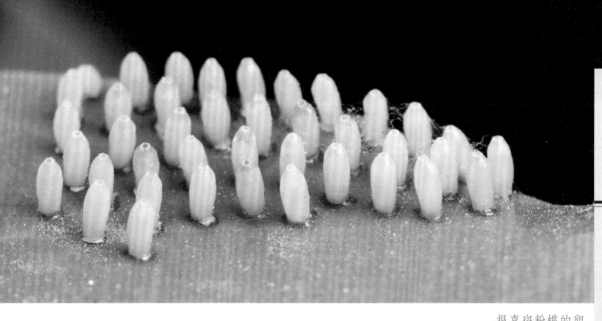

报喜斑粉蝶的卵

待到幼虫一起长大后，又在同一时间羽化。报喜斑粉蝶的幼虫会拟态有毒的毛毛虫，虫体上有红黄相间的条纹，看上去很不好惹。有了这些拟态色的保护，幼虫可以大大方方地集结在叶片表面。在冬季的广州市区，会看到很多这种红黄相间很有喜庆感的蝴蝶。

大雪节气，大量迁徙的候鸟来到广州。它们有些会选择在广州越冬，有一些则在短暂逗留后继续往南迁徙，广州只是作为它们迁徙途中的休息站，如寿带、三宝鸟等。这类鸟我们称之为过境迁徙鸟。迁徙是候鸟的本能，即使没有父母的陪伴，候鸟出生后的第一次长途迁徙，也能准确到达越冬的地点。

这些冬季来到广州的候鸟，我们称之为冬候鸟，如红喉歌鸲等。它们会在第二年的4月前后离开。广州的南沙湿地公园每年会迎来大量的冬候鸟，其中就有深受大家喜爱的黑脸琵鹭。

大雪节气，广州的昆虫无论是数量还是种类

红喉歌鸲

叉尾太阳鸟

白腰文鸟

都会明显减少，此时鸟儿想要捕捉昆虫还是比较困难的。好在这个节气广州有很多成熟的植物果实，且没有积雪覆盖，让鸟儿得以果腹。只要你找到一棵有果实的树，一堆有种子的杂草，或者冬季干枯的鱼塘，就能观察到鸟儿。

白腰文鸟和斑文鸟以禾本科植物的种子为食物，如水稻、杂草的种子。由于广州冬季有大量禾本科杂草的种子可以食用，所以在自然状态下秋冬季也是文鸟的繁殖期。

如果实在没有东西吃，红耳鹎会摘取红花羊蹄甲的花瓣果腹，所以紫红色的鸟粪在红花羊蹄甲的树下容易见到。

暗绿绣眼鸟会摘取红花羊蹄甲、宫粉羊蹄甲的雄蕊，雄蕊上大量的花粉是蛋白质的来源；太阳鸟主要吸食花蜜，包括红花羊蹄甲、美人蕉、水蒲桃、冬红等冬季开花植物，有时也会见到它去吸食一些水果腐烂发酵后流出的汁液。

肉食性的鸟类如虎斑地鸫、灰背鸫等依然执着在地里翻找蚯蚓、蛴螬（cáo）；北红尾鸲则紧盯着农田里十字花科植物上的菜粉蝶和蛾的幼虫；大山雀会在树干上翻蛾的茧，啄破后再找里面的蛹食用。

虎斑地鸫

不同的鸟儿有不同的食谱，为了处理不同的食物，各种鸟的"揾（wèn，广州音为wan³）食工具"，也就是它们的喙不尽相同。鸟不像我们人可以用手去处理食物，它们基本上靠喙解决所有的问题。太阳鸟的喙细尖且向下弯，可以伸到花朵深处，再加上超长的舌骨，可以吸取花朵深处的花蜜；反嘴鹬的喙却是反着向上，也是又细又长，但它们不是用于吸蜜，而是用于在滩涂的浅水区域"扫荡"。

一些以禾本科种子为食物的斑文鸟和白腰文鸟长着一

反嘴鹬

白腰文鸟

黑脸琵鹭

个大嘴，特别厚，像我们模型制作中使用的斜口钳。这个喙像一个破碎机，能把谷物坚硬的颖壳去除，方便它们吃到里面的种子。

黑脸琵鹭的喙像我们制作油炸食品时在油锅中夹取食物的大夹子，用于在浑浊的滩涂浅水中摸鱼。当这个"大夹子"夹到鱼后，它们会把头昂起来，咬住鱼头然后像魔术表演一样甩鱼，再直接把鱼吞进肚子。我还目击过这家伙把满是泥土的鱼放入海水中清洗后再进食的场景，它的动作非常娴熟，全然不怕鱼儿挣脱跑掉。

白鹭的嘴像刀子，可以像鱼叉一样捕鱼。长尾缝叶莺的嘴像小镊子，非常适合抓一些小的虫子。"屠夫鸟"伯劳的嘴大，有利钩，方便它们撕碎猎物。

棕背伯劳

夜鹭吃鱼

除了喙，鸟的"舌"也很是特别，鸟的舌骨最独特的地方在于，其骨质的部分几乎延伸到舌头的最前端。人类以及其他哺乳动物的舌头柔软无骨，而鸟则有一条坚硬且灵活的舌头。喙咬住食物，然后从下嘴的凹槽伸出舌头，舌头再像传送带一样把食物"拖进"嘴里。

大雪观察指引

打卡点

华南国家植物园（茶花）
南沙湿地公园（水鸟、红树林、芦苇）
番禺滴水岩森林公园（候鸟）

大雪节气大量的冬候鸟来到广州，其中大量的水鸟集中来到南沙湿地公园越冬，南沙湿地公园是候鸟迁徙的重要停歇地之一。到南沙湿地公园感受万鸟齐飞的壮观场景，并记录你观察到的水鸟种类。

冬至

寒梅缀枝亚，
落羽杉如霞

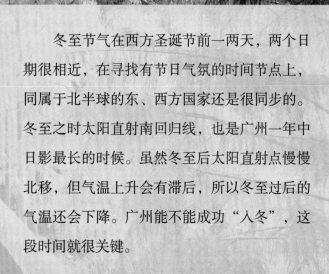

冬至

寒梅缀枝丫，落羽杉如霞。

　　冬至节气在西方圣诞节前一两天，两个日期很相近，在寻找有节日气氛的时间节点上，同属于北半球的东、西方国家还是很同步的。冬至之时太阳直射南回归线，也是广州一年中日影最长的时候。虽然冬至后太阳直射点慢慢北移，但气温上升会有滞后，所以冬至过后的气温还会下降。广州能不能成功"入冬"，这段时间就很关键。

枫香树

落羽杉

　　按照中国国家标准《气候季节划分》的入冬标准，连续5天平均气温低于10℃即为入冬。近40年的气象统计资料显示，广州有一半年份是成功入冬的。不能入冬的就直接跳过进入春季，但即使能入冬，也会很短暂，很快又进入春天，所以我们要格外珍惜这转瞬即逝的冬季。

　　广州的植物大部分是常绿植物，所以即使在冬至，你也很难看到大面积树叶变色的情景。想拍个满屏的红的、黄的叶子很难，因为旁边的常绿树种总是会"闯入"镜头。不过近年来，我们在植树造林过程中引入了一些树种，如枫香树、鸡爪槭、落羽杉、小叶榄仁、乌桕等，可以营造出些许冬日的氛围。

　　冬至到小寒节气是欣赏落羽杉的最佳时间。高大、成片种植在湖边的落羽杉像巨型的彩色幕墙，在冬季清澈的湖水映衬下特别漂亮。落羽杉羽毛状的树叶在冬至前会有一个逐渐变色的过程，由绿变黄绿，再到深黄色，最后整棵树变成火红色。欣赏落羽杉的最佳时段是在晴朗天气的早晨或傍晚太阳落山前。早晨的光线更柔和，也更能凸显落羽杉的黄色和红色。如果能找到逆光的角度则更妙，阳光透过黄色、橙色、红色羽毛状的落羽杉树叶后会变得明亮、安静而又温暖，让人感觉特别舒服。如傍晚去看落羽杉，遇到晚霞，落羽杉会变得更加火红。小寒节气后，落羽杉的叶子纷纷飘落，剩下光秃秃的塔状树干。落叶像火红色的羽毛铺满地面，犹如一张厚厚的红地毯，又是一道别样的风景。

冬至也是广州地区梅花开放的时间，与长三角地区梅花在立春前后开放相比，时间大大提前了。喜欢梅花的朋友可以去萝岗、从化流溪河欣赏梅花。每年的大寒节气左右是最佳的时间。白色的花瓣像雪片飘落，空气中弥漫着梅花的香气，我们称之为香雪。

梅花

山茶科植物也在冬至开花。人工种植的茶花有很多的花蕾，花期集中在春节。与此同时，作为绿化树的水蒲桃在冬至也有一个小花期。通过近十年的观察，我发现水蒲桃有两个花期，其中一个小花期在冬至这段时间，果实在春季成熟；另一个花期则是在春季，果实在夏季成熟。春季花开得更多，结果也更多。但

水蒲桃花

冬季开花结果的水蒲桃，因为低温天气下虫害的侵袭少，果实大部分可以食用；而春季开花、夏季成熟的水蒲桃果实，却因虫害太多而不能食用。

冬至在广州是一个非常重要的节气，广州有"冬至

寒梅缀枝丫，落羽杉如霞。

荷兰豆花

大过年"的说法。每家每户都会特别重视这个节气，很多家庭会聚餐，有"打边炉"、吃汤圆、吃糯米饭的习俗。"打边炉"时餐桌上配的蔬菜很多是当季广州本地产的蔬菜，如增城菜心、萝卜、荷兰豆、胡萝卜、生菜、蒜苗、油麦菜、西兰花、茼蒿等。

在冬至，我们可以把观察的目光转移到菜园子。广州乃至整个广东的菜园子在冬至节气是最生机盎然的时候，农民通常会种植大量的蔬菜，以备过年时食用。勤劳的广东农民会利用晚稻和下一季早稻的间隔期，在稻田种植蔬菜。

广州冬季日照强，适合蔬菜的生长；昼夜温差大，蔬菜会有特别的风味，嫩且有甜味，因为蔬菜为了抵御夜间的低温会将淀粉物质转化为糖类，如萝卜、芥菜、增城菜心等，吃起来口感更甜。同时广州冬季的低温，抑制了昆虫和病菌的生长，使得蔬菜的病虫害减少。低温也抑制了在浆果内产卵的桔小实蝇这一类昆虫，它们这时会以蛹的

丰收

形式在地下冬眠。此外，禾本科等大部分的杂草也因为低温生长受到抑制，所以在冬季种植的蔬菜生长得健康而且漂亮。

如果我们追根溯源，会发现菜园子里的蔬菜有不少种植品种是从国外引入的。比如带有"番"字的蔬菜，是从海上丝绸之路引进的，如番茄、番椒（辣椒）；带有"胡"字的蔬菜，是从陆上丝绸之路引入的，如胡萝卜、胡豆。移民植物的名单上还有马铃薯、南瓜、玉米、向日葵、西洋菜等。移民植物不仅仅丰富了我们的餐桌，同时也对人口的迁徙和增加有推波助澜的作用。

虽然农民没有专门学习这些移民植物的植物学知识，但他们却很快从实践中了解了这些植物的特点，掌握了种植技术，并快速地推广，足可见华夏民族的智慧。

农田里的自然教育是最接地气的自然教育。关注农田，了解我们的食物来源，通过劳动、食物去连接自然，感受自然馈赠以及节气变化是再自然不过的事。但由于现代农业和物流的发展，蔬菜生产的时令和产地已经被大大淡化。

近年来国家推行劳动教育，其中有农耕劳动。农耕劳动不仅仅是参与劳动，同时也是亲密接触自然的机会。到自然中去，了解当下，体验当下，更真切懂得自然节律。通过农耕活动真实地感知农产品生命生长的过程，在农耕中观察不期而遇的小动物，尊重它们，把它们视作邻居。通过农耕劳动教育，人与自然的情感会变得更加真切。

冬至时节，小叶榕、笔管榕等榕树开始结果，在食物短缺的季节，小叶榕、笔管榕等榕树的果实令榕树成为鸟

寒梅缀枝，落羽杉如霞。

红耳鹎与笔管榕

赤腹松鼠

以前的研究认为榕树与榕小蜂的传粉互惠是一对一的关系，也就是一种榕树对应一种传粉榕小蜂。但随着研究的深入，榕树与榕小蜂一对一的原则被打破了，研究发现存在几种榕小蜂为一种榕树传粉的现象。榕果内发育长大的榕小蜂雄蜂和榕小蜂雌蜂在榕果内交尾，接着雄性榕小蜂会钻出榕果，然后雌性榕小蜂携带榕果的花粉，沿着雄性榕小蜂在榕果上钻出的线路钻出榕果，飞到另外一个榕果，钻进该榕果内产卵（榕果有个小洞，方便榕小蜂雌蜂钻入）。

儿的食堂，引来暗绿绣眼鸟、白头鹎、红嘴蓝雀、乌鸫、丝光椋鸟频频光顾。公园里的松鼠也吃得很欢。我曾尝试着吃了几颗小叶榕的果实，形状和颜色有点像蓝莓，吃起来味道有一点甜。这些鸟儿在享受食物的同时也间接把这些榕树的种子传播得更远。植物与鸟类在某种程度上达成了默契，相互依存。

看着掉落在地的榕果，你也许会问这么多的果实，为什么不见它们开花？当你捡起榕果，把果实掰开，你会发现它们的花其实是开在果实里面（如无花果，花隐藏在里面），学术术语称其为隐头花序。那它们是怎样完成授粉的呢？这个就要归功于与榕树共生的榕小蜂了。榕树为榕小蜂提供繁殖后代所需的场所和食物，榕小蜂为榕树传粉。这种互惠关系，科学上称之为"协同进化"。如果你想观察榕小蜂，摘取一些还没有完全成熟的榕果，剖开榕果后你可以用放大镜观察里面的榕小蜂（完全成熟的或者掉在地上的榕果，里面的榕小蜂已经离开）。

"五月螽斯动股，六月莎鸡振羽，七月在野，八月在宇，九月在户，十月蟋蟀入我床下"，描写的是黄河流域的直翅目昆虫的季节变化。广州的冬至，山野草丛响彻着"叽叽叽叽"的声音，像古代的纺织机器发出的声音，纺织娘在深冬依旧歌唱。它们也到了生命的尾声，会在交尾产卵后死去，明年春风来，百草生，虫卵孵化，又一个生命的轮回。它们在夏秋季节的若虫期身体是绿色的，但是到了冬季会变成和枯叶相近的黄色，同时还有一些黑色的斑点。躲在冬季的落叶和枯草里真的很难发现它们。雄虫通过摩擦翅膀发出声音求偶，雌虫不发声。你也可以从外表来识别雌虫，雌虫尾部有一根长长的剑状产卵器，通过长长的产卵器把卵产进泥土里。

纺织娘

纺织娘

冬至观察指引

广州的冬至，菜园子十分丰富。广州人对蔬菜的品质要求高。知其味，不能忘其源，到郊区找一片菜地，了解广州本地冬季可种植和收获的蔬菜品种以及其可食用部分（叶、茎、根）。也可以尝试自己种一些爱吃的蔬菜品种。

打卡点

麓湖公园（落羽杉）
番禺大夫山森林公园（落羽杉）
华南国家植物园（落羽杉）
流溪河国家森林公园（枫香树）
增城（迟菜心）　花都炭步镇（芋头）
华南农业大学（华南农业博物馆）

209

小寒

数树深红出浅黄，
睡莲风光照池塘。

赤红山椒鸟

　　小寒节气在公历1月初。如果在1月不能成功入冬，广州就有可能"秋春相连"。这时，植物们开始为换季做准备了。木棉的叶子开始变黄并逐渐掉落，剩下光秃秃的树干，而枝头上甚至可以看到像葡萄大小的花蕾。同样变化的还有桃、樱花、宫粉羊蹄甲。这个时期，大量的植物果实也纷纷成熟，如樟、阴香、土蜜树、苦楝，它们吸引了大量的鸟儿光顾。

　　小寒节气是广州观赏本地落叶植物的最佳时间。在小寒前后的十来天，广州几乎所有冬季落叶的植物都会呈现出鲜艳的色彩，过后叶子就会随风飘落，回归大地。树叶，以热情的红色、黄色、橙色为主。植物不像动物那样能迅速地移动，趋利避害，所以演化出了各种应对环境变

朴树

化的能力。比如为了减少水分的蒸发，保证树木有足够的
水分过冬，一部分植物选择在寒冷季节脱掉叶子。而植物
叶片中的叶绿素对于植物来说很重要，因此落叶植物会把
叶绿素"回收"到自己的树干里面储存，叶子没有了叶绿
素自然就会呈现出多彩的颜色。

　　广州这个节气可观叶的人气植物有：落羽杉、朴树、
乌桕、香枫、小叶紫薇、鸡爪槭、小叶榄仁等。最为明显
的是朴树，朴树的叶子此时呈金黄色，一阵风吹过就会下
起黄金雨。朴树在广州非常常见，几乎所有的公园都能看
到它的身影，掉完叶子后，其黑色的树干和树枝就会凸显
出线条的美。其次是小叶紫薇，这时它的叶子呈现深红
色，在阳光下格外引人注目。

挺水植物：生长在浅水区的植物，根、根茎生长在水底的淤泥中，通常有发达的通气组织；茎、叶挺出水面。常见的有莲、茭白。水生植物种类还有浮水植物，叶片贴着水面长，如菱角；沉水植物，植物体全部位于水下，如苦草。

广州公园大多有种植荷花，荷塘在小寒时节是另外一番景象。荷叶已经完全凋零，绝大部分已倒伏在池塘中，为数不多的还呈现出一种残败的线条美，这样的"残荷"也吸引了不少摄影爱好者。但这个时候，睡莲依然生机盎然。如果荷塘有睡莲又有荷花，通常大部分时间睡莲是被荷花"欺负"的。因为荷花是挺水植物，荷叶会长出水面接近一米，层层叠叠的荷叶下方几乎没有多少阳光可以透进去，睡莲能活下去就不错了。但是到了冬季荷叶枯萎，睡莲一扫之前"郁闷"的状态，迅速生长，以便抢占更多的地盘，在冬日里开出漂亮的花朵。睡莲虽然和荷花长得相似，但它们在植物学上却是属于不同的物种。我们也可以通过外形做出一些区分。如：挺水荷花，贴水睡莲；荷花会结莲子，而睡莲开花后，花朵会沉入水中，种子很难收集；荷花的杆茎及叶子上有刺，而睡莲却是光滑的；荷叶没有繁殖功能，而有些品种的睡莲的叶子能从叶片与叶柄结合处（叶脐）长出幼小植株。

从叶片与叶柄结合处（叶脐）长出幼小植株

荷花和睡莲的花在提高授粉率这一点上，都花了一番功夫。夏天我们观察到荷花会先半开后闭合，第二天再打开，因为荷花是以雌蕊先熟（雌雄异熟）以避免自花传粉的发生。而睡莲花如其名，白天绽放，晚上花朵闭合，第二天白天再打开，持续几天。但花朵闭合的速度较快，因此贪吃的昆虫如果没把握好时间就会被困在花朵中过夜，被迫"加班"为睡莲传粉，等睡莲的花苞再次绽开时，昆虫就可以逃出"牢笼"。

在广州，还有一些睡莲品种就更为过分，会"诱杀"传粉的昆虫。当这些品种的睡莲雌蕊成熟时，花朵中心有大量的分泌液，扁平的柱头隐藏在分泌液的下方。当昆虫前去采集花

睡莲雄蕊成熟

睡莲雌蕊成熟

数树深红出浅黄，睡莲风光照池塘。

粉时，很容易落入中间的分泌液中，最后筋疲力尽淹死在里面，而它们之前采集的花粉也会脱落，沉入分泌液底部的柱头，至此完成授粉。靠动物传播花粉的植物，往往会把花朵变成动物们的"餐馆"，每一个"餐馆"都各出奇招，有着自己的特色"经营策略"。有的餐馆门庭若市，有的却是小众私房菜，有的诚实经营，有的却耍弄花招，但总体上还是互惠互利，罕有像睡莲的一些品种那样害死媒婆的。

小寒节气的荷塘一片"破败"，由于没有了荷叶的遮

黑水鸡

夜鹭进食

挡，此时在荷塘观鸟就变得更加容易。在广州的各大荷塘容易见到黑水鸡、白胸苦恶鸟、池鹭、普通翠鸟、夜鹭。黑水鸡最明显的特征就是有一个红红的鼻子，以及其特殊的像汽笛一样"咯咯"的叫声，可以让人循声去寻找。而且公园里的黑水鸡因为有人投喂，通常一年四季都能繁殖，在冬季没有遮挡的情况下可以观察得更加清楚。

白胸苦恶鸟也喜欢在荷塘觅食。它的特征之一是

白胸苦恶鸟

胸口有一大片白色的羽毛，它的鸣叫声似"苦啊——苦啊——"，这也是它名字的由来。此鸟非常胆小，在野外很难接近，但是在广州公园里由于习惯了接触游人，倒是可以近距离地观察它。

　　池鹭在广州的各大公园也很常见，它很适应公园的生活，是各大公园荷塘的优势物种。池鹭平时缩着脖子，羽毛蓬松，虽然样子有点"落魄"，却是一个善捕鱼的狠角色。它在水里一动不动，双眼聚焦猎物后有点"斗鸡眼"的感觉，当确认发动攻击时就会伸长脖子把嘴插到水里去啄鱼。这个时候你会惊奇地发现它的脖子其实很长，和它的躯干差不多长。

池鹭

　　普通翠鸟也是公园荷塘观鸟的主角，在野外和白胸苦恶鸟一样怕人，难以近距离观察，但是在公园里的它并不害怕游人，所以公园反而成了观察的最佳地点。这种穿着红色"雨靴"身披蓝绿色"战袍"的小鸟，不仅可以让你近距离观察，还会大大方方地在你面前表演抓鱼的本领。它从高处往下俯冲，直插水中，高速摄影拍摄到此刻它的嘴是张开的，像一只张开的尖锐的镊子插到水中，鱼会不偏不倚卡在它的嘴中间，大一点的猎物可能会被它尖锐的喙直接戳穿。看它吞猎物也是很有意思，当猎物处于清醒状态时它会拼命地甩头把猎物甩晕。如果此招不灵，它就把猎物甩在坚硬的物体上面，等到猎物被打晕，再将猎物的头朝着自己喉咙的方向，整只吞下。如果捕捉到的猎物太大，难以吞咽，它也会选择主动放弃，把猎物扔掉。

小寒节气的中午时分是鸟类活跃的时段，挂满果实的树上大都会有觅食的鸟儿。如樟树上常见乌鸫、珠颈斑鸠，苦楝上常见白头鹎，土蜜树上的红耳鹎，以及盐肤木上成群结队的栗颈凤鹛（méi）。鸟儿在吃果实的同时也会

翠鸟抓鱼

帮助植物传播种子。

小寒节气广州周边荔枝园里果农非常忙碌。因为荔枝喜温，广州冬季寒潮到达会冻伤果树，影响来年的产量。冷空气有下沉的特点，种在山坡低洼的果树容易受冻害。广州的果农此时展现了岭南农耕的智慧。你会发现有一些山坡上的荔枝园在冬季寒冷的天气燃起一堆堆火，果园烟雾弥漫。这并不是果农为贪图方便就地处理落叶、杂草，而是果农把落叶、杂草收集成堆，加入谷壳、锯末并点火熏烟（阴燃：没有火焰地缓慢燃烧），这么做可以提高果园四周的温度，同时熏杀荔枝树上越冬的昆虫，燃烧后的灰烬也可以为荔枝提供养分。

红耳鹎与土蜜树

小寒观察指引

打卡点

黄埔创新公园（梅花）
香雪公园（梅花）
从化良口彩虹大桥（梅花）
南沙榄核镇（甘蔗）
浔峰山生态公园（候鸟）
火炉山森林公园（鸟类）

北方飘雪，南国飞花。广州萝岗、从化流溪河的梅花盛放，雪白的花瓣随风飘落，空气中满是梅花的香气，到萝岗、从化流溪河去感受广州的"香雪"吧。

大寒

人间至此冬色尽，
春暖花开尽可期。

在冬季的尾声，由于各种寒流、降温的累积，全年最低的气温会在大寒节气前后到来。

此时临近春节，广州开始为传统的春节花市做起了准备。广州素有"花城"之称，种花已有上千年的历史，如广州的芳村以花闻世，素有"岭南第一花乡"的美誉。直到今天，芳村仍是全国闻名的花卉产区和全国著名的花卉集散地。广州人种花、爱花、赏花和赠花的历史悠久，几乎每家每户都会种植一些花卉，装点生活。而每年冬末，公园里也会上演花卉展和盆景展。

大寒节气在户外白天常见的动物大概只有鸟类，而其他的动物基本上难得一见。这时看到的鸟儿体形与夏天的大不相同。鸟儿在这个时候显得更加"呆萌"。明明是食物短缺的日子，甚至仅够维持生命，但是看上去却是胖乎乎、毛茸茸的，特别可爱。其实这是鸟儿应对严寒的一个办法：通过羽毛蓬松来保暖（并不是因为快过年而吃胖了）。

赤腹松鼠吃白蚁

白蚁

即使是大寒节气寒冷的晚上，白蚁仍在忙碌地修建蚁路。大家对白蚁的印象可能还是停留在夏季暴雨天时突然飞进家中的场景，以及某天在家中的某个角落发现蚁路时的惊慌。白蚁是广州常见的昆虫。大量的白蚁能够高效降解木质纤维素，是森林生态系统中重要的一环。广州冬季森林大量的枯枝落叶在白蚁的帮助下能加速变成肥沃的土壤。

白蚁也为冬候鸟提供了食物。树林里的灰背鸫、乌灰鸫等鸟儿会在林下扒开树叶和表面土壤找白蚁吃。有一些松鼠也会在冬季吃白蚁，我曾在流花湖公园见到赤腹松鼠扒开树皮找白蚁的场景。

这时，广州地区的大部分蛙类会进入冬眠状态。冬眠这一"深度睡眠"的方式是蛙类应对自然变化的办法。近年来的气候变化导致气温相比从前有了些波动，广州冬季有时会出现较长时间的高温，而高温会导致一些原本该冬

泽蛙冬眠

冬眠的树蛙

眠的动物出来活动。这种干扰"深度睡眠"的现象，如果反复出现会导致动物因消耗过大而死亡。外出活动的蛙类在遇到夜间的低温时也有可能会被冻死。

广州冬季气温较高，有些蛇不能"安安稳稳"地冬眠。比如寒流过后突然来个大太阳天气，气温猛地升高，这时中午在野外目击蛇类出现的概率很高，相对夏季的灵

紫灰锦蛇

壳斗科植物的种子

敏，此时它们会比较"慵懒"，通常盘在枯草上晒着太阳，甚至有人靠近也是慢慢地转入草丛。广州还有一些蛇类在冬季是活跃的，如紫砂蛇、紫灰锦蛇、绿瘦蛇、白头蝰（kuí）等。这也说明蛇类的食物不仅仅是蛙类，这些蛇类还能找到除蛙类以外的食物。

从立春到大寒，地球将绕着太阳公转一周，一个回归年即将结束。山林里，地面铺满了这一年掉落的叶子。表层落叶干燥蓬松，走上去"沙沙"作响，底层往年的老叶已腐烂成泥，回归大地。在这些表层的落叶中，植物们也播下了新生的种子。在广州的山林里你可以捡拾到很多植物的种子，比如壳斗科植物的种子。

植物的种子对于植物来讲非常珍贵，每一颗种子都保存着物种的遗传信息，所以为了能让种子存活下来，生根

莎草科植物

发芽，植物展现了非凡的智慧。

首先种子集合了各种有效的保护措施，确保种子能在各种极端条件下存活。比如，莎草科植物是广州河流湿地常见的水生植物，它们的种子可以在水下保存多年，直到条件适合的时候，如冬季干旱、河床暴露出来时，便会抓紧时机，迅速生根发芽，开花结果。

有一些植物为了让种子活下来，就给种子装上了厚厚的外壳。比如"泮塘五秀"之一的菱角，它的种子有着黝黑坚固的种皮，同时长着两个尖尖的角，看上去相当"怪异"，像一个牛头，这是为了避免被饥饿的鱼吞食。

有一些植物，如广州常见的榕树，它的种子可以安全通过鸟类的肠道而不被消化。以榕果为食的鸟类不仅仅能帮助榕树传播种子，还会随着鸟粪的排泄，使得种子到达建筑物的表面以及植物的树冠，抢占"高地"，争取更多阳光，并在那里生根发芽。

菱角

植物还有不让种子在未成熟时被动物提前光顾的能力。未成熟的果实大多都是低调的绿色，掩映在树叶中，不容易被发现，同时未成熟的果实中苦涩的味道，也会让动物止步。而种子成熟后，果实通常会有鲜艳的颜色。比如芭蕉，成熟时呈现鲜艳的黄色，如果没有及时采摘，果蝠、老鼠、鸟儿就会过来享用水果大餐。

植物仅仅保护和保存种子是不够的，还必须为种子找出路。其中有一种方式是让种子搭便车免费旅行。广州冬季有一种名为荷莲豆的草本植物很有趣，当种子成熟时会产生黏度非常高的物质，当你经过不小心碰到它时，种子就会粘在你的鞋子或裤腿上，非常难清理。还有一些植物是给种子插上翅膀，让种子飞。常见的草本如一点红，以及有毒的夹竹桃科植物，种子都带有白色的冠毛。这些冠毛像一个个绒球，可以在种子从空中下降时起到"降落伞"的缓冲作用。同时，现代科学研究还表明它能非常有效地捕捉气流，以便让种子滞空时间更久，颇有一番"好风凭借力，送我上青云"的韵味。

走出去只是成功的第一步，有落脚之地的种子还必须在来年适当的时候生根发芽。为此，小小的种子里集成了对湿度、温度、压力变化敏感的各种"感应器"，当外界条件适合时就迅速启动，生根、发芽。所以，小小的种子里蕴藏着大大的智慧。

大寒节气，时近岁末，不妨踏着落叶，去探寻一下智慧的种子吧。

一点红种子

大寒观察指引

打卡点

华南国家植物园（植物的种子）
广东树木公园（植物的种子）
黄埔创业公园（樱花）

大寒节气，大部分落叶植物的叶子已基本落完，厚厚的落叶里藏着形状各异的种子。到山林里捡拾植物的种子，尝试找出种子的来源，观察种子的形状。

随着大寒的结束，二十四个节气完结，接下来将进入下一个回归年。每一个节气，大自然都给我们展现了神奇多彩的一面。从雨水的燕子、惊蛰的蟾蜍、小满的荔枝、芒种的荷花，到立秋的蜂、秋分的蛇、立冬的稻田、冬至的菜园，广州的四季各有其精彩。梭罗说过"方圆几十英里，即有世上最美的风景。"广州是我们生活的城市，它不仅有着悠久的历史，也有着丰富的生物多样性。让我们从身边的细微处着眼，一起来感知广州，发现广州，记录广州。

苦楝树与统帅青凤蝶

参考文献

吴健梅，2019.草木南粤［M］.广州：广东科技出版社.

马克平，2020.植物博物讲义［M］.北京：北京大学出版社.

中国地理百科丛书编委会，2015.羊城地［M］.广州：世界图
　书出版广东有限公司.

弗格斯·查德威克，史蒂夫·埃尔顿，比尔·菲茨莫里斯，
　等，2019.DK蜜蜂全书［M］.段辛乐，聂红毅，林焱，等
　译. 郑州：河南科学技术出版社.

竺可桢，宛敏渭，2021.物候学［M］.上海：华东师范大学出
　版社.

斯特凡诺·曼库索，2021.失敬，植物先生：它们很古老，其
　实它们很先进［M］. 金佳音，译. 北京：新星出版社.

劳拉·埃里克森，玛丽·里德，2020.鸟巢里的秘密［M］.
　李思琪，译. 北京：清华大学出版社.

黄瑞兰，邹丽娟，杜志坚，2019. 植物的生存智慧［M］.
　武汉：湖北美术出版社.

杜铭章，2013.蛇类大惊奇［M］.台北：远流出版社.

尹琏，费嘉伦，2017. 中国香港及华南鸟类野外手册［M］.
　长沙：湖南教育出版社.

史静耸，2020. 常见两栖动物野外识别手册［M］.重庆：
　重庆大学出版社.

张露雨，张志升，2020. 常见蜘蛛野外识别手册［M］.
　重庆：重庆大学出版社.

白星花金龟

致 谢

本书的编写得到很多有缘人的帮助，他们提供的精彩影像资料，以及对书稿内容提出的坦率、真诚的建议，成就了本书现在的模样。在此一并致以深深的谢意。

崔珺熠（P2 落叶）

卢 元（P14 绶草）

周晓刚（P18 香云纱制作）

刘玉晗（P82 茉莉花、P127 红花石蒜）

谢惠强（P86 龙舟争渡、P97 果基鱼塘、P101 高畦深沟）

崔军亚（P154 打榄、乌榄）

李 翠（P156 三角梅）

李 旻（P158 芭蕉花）

刘有全（P159 黄胸鹀）

张 璟（P227 白星花金龟）

陈 喆　　汤钰萌　　胡茗嘉

李鲁源　　彭 哲　　周 玲

鹿连伟

红嘴蓝鹊